"十四五"职业教育国家规划教材

面向高等职业院校基于工作过程项目式系列教材
企业级卓越人才培养解决方案规划教材

软件测试项目实战

天津滨海迅腾科技集团有限公司　编著

杨鹏　翟亚峰　主编

U0218453

天津大学出版社
TIANJIN UNIVERSITY PRESS

图书在版编目（ＣＩＰ）数据

软件测试项目实战 / 天津滨海迅腾科技集团
有限公司编著；杨鹏，翟亚峰主编. —天津：天津大
学出版社，2021.5（2023.7重印）
　　"十四五"职业教育国家规划教材　面向高等职业院
校基于工作过程项目式系列教材　企业级卓越人才培养解
决方案规划教材
　　ISBN 978-7-5618-6924-6

　　Ⅰ.①软…　Ⅱ.①天…　②杨…　③翟…　Ⅲ.①软件－
测试－高等职业教育－教材　Ⅳ.①TP311.5

中国版本图书馆CIP数据核字(2021)第078950号

RUANJIAN CESHI XIANGMU SHIZHAN

主　编：杨　鹏　翟亚峰
副主编：史玉琢　孟思明　王文立
　　　　郭　惠　徐书欣　卜银娜

出版发行	天津大学出版社
地　　址	天津市卫津路92号天津大学内（邮编：300072）
电　　话	发行部：022-27403647
网　　址	publish.tju.edu.cn
印　　刷	廊坊市海涛印刷有限公司
经　　销	全国各地新华书店
开　　本	185mm×260mm
印　　张	18
字　　数	463千
版　　次	2021年5月第1版
印　　次	2023年7月第2次
定　　价	66.00元

陈章侠　德州职业技术学院

王作鹏　烟台职业学院

郑开阳　枣庄职业学院

景悦林　威海职业学院

常中华　青岛职业技术学院

张洪忠　临沂职业学院

宋　军　山西工程职业学院

刘月红　晋中职业技术学院

田祥宇　山西金融职业学院

任利成　山西轻工职业技术学院

赵　娟　山西旅游职业学院

陈　炯　山西职业技术学院

范文涵　山西财贸职业技术学院

郭社军　河北交通职业技术学院

麻士琦　衡水职业技术学院

娄志刚　唐山科技职业技术学院

刘少坤　河北工业职业技术学院

尹立云　宣化科技职业学院

廉新宇　唐山工业职业技术学院

崔爱红　石家庄信息工程职业学院

郭长庚　许昌职业技术学院

李庶泉　周口职业技术学院

周　勇　四川华新现代职业学院

周仲文　四川广播电视大学

张雅珍　陕西工商职业学院

夏东盛　陕西工业职业技术学院

景海萍　陕西财经职业技术学院

许国强　湖南有色金属职业技术学院

许　磊　重庆电子工程职业学院

谭维齐　安庆职业技术学院

董新民　安徽国际商务职业学院

孙　刚　南京信息职业技术学院

李洪德　青海柴达木职业技术学院

王国强　甘肃交通职业技术学院

基于产教融合校企共建产业学院创新体系简介

基于产教融合校企共建产业学院创新体系是天津滨海迅腾科技集团有限公司联合国内几十所高校，结合数十个行业协会及1 000余家行业领军企业的人才需求标准，在高校中实施十年而形成的一项科技成果，该成果于2019年1月在天津市高新技术成果转化中心组织的科学技术成果鉴定中被鉴定为国内领先水平。该成果是贯彻落实《国务院关于印发国家职业教育改革实施方案的通知》（国发〔2019〕4号）的深度实践，开发出了具有自主知识产权的"标准化产品体系"（含329项具有知识产权的实施产品）。该体系从产业、项目到专业、课程形成了系统化的操作实施标准，构建了具有企业特色的产教融合校企合作运营标准"十个共"，实施标准"九个基于"，创新标准"七个融合"等全系列、可操作、可复制的产教融合系列标准，取得了高等职业院校校企深度合作的系统性成果。该成果通过企业级卓越人才培养解决方案（以下简称解决方案）具体实施。

该解决方案是面向我国职业教育量身定制的应用型技术技能人才培养解决方案，是以教育部—滨海迅腾科技集团产学合作协同育人项目为依托，依靠集团的研发实力，通过联合国内职业教育领域相关的政策研究机构、行业、企业、职业院校共同研究与实践获得的方案。本解决方案坚持"创新校企融合协同育人，推进校企合作模式改革"的宗旨，消化吸收德国"双元制"应用型人才培养模式，深入践行基于工作过程"项目化"及"系统化"的教学方法，形成工程实践创新培养的企业化培养解决方案，在服务国家战略——京津冀教育协同发展、"中国制造2025"（工业信息化）等领域培养不同层次的技术技能型人才，为推进我国实现教育现代化发挥了积极作用。

该解决方案由初、中、高三个培养阶段构成，包含技术技能培养体系（人才培养方案、专业教程、课程标准、标准课程包、企业项目包、考评体系、认证体系、社会服务及师资培训）、教学管理体系、就业管理体系、创新创业体系等，采用校企融合、产学融合、师资融合"三融合"的模式在高校内共建大数据（AI）学院、互联网学院、软件学院、电子商务学院、设计学院、智慧物流学院、智能制造学院等，并以"卓越工程师培养计划"项目的形式推行，将企业人才需求标准、工作流程、研发规范、考评体系、企业管理体系引进课堂，充分发挥校企双方的优势，推动校企、校际合作，促进区域优质资源共建共享，实现卓越人才培养目标，达到企业人才招录的标准。本解决方案已在全国几十所高校实施，目前形成了企业、高校、学生三方共赢的格局。

天津滨海迅腾科技集团有限公司创建于2004年，是以IT产业为主导的高科技企业集团。集团业务范围覆盖信息化集成、软件研发、职业教育、电子商务、互联网服务、生物科技、健康产业、日化产业等。集团以科技产业为背景，与高校共同开展"三融合"的校企合作混合所有制项目。多年来，集团打造了以博士研究生、硕士研究生、企业一线工程师为主导的科研及教学团队，培养了大批互联网行业应用型技术人才。集团先后荣获全国模范和谐企业、国家级高新技术企业、天津市"五一"劳动奖状先进集体、天津市"AAA"级劳动关系和谐企业、天津市"文明单位"、天津市"工人先锋号"、天津市"青年文明号"、天津市"功勋企业"、天津市"科技小巨人企业"、天津市"高科技型领军企业"等近百项荣誉。集团将以"中国梦，腾之梦"为指导思想，深化产教融合，坚持围绕产业需求，坚持利用科技创新推动生产，坚持激发职业教育发展活力，形成"产业＋科技＋教育"生态，为我国职业教育深化产教融合、校企合作的创新发展作出更大贡献。

前　言

党的二十大报告指出："坚持把发展经济的着力点放在实体经济上,推进新型工业化,加快建设制造强国、质量强国、航天强国、交通强国、网络强国、数字中国。"软件作为新一代信息技术的灵魂,是中国数字经济发展的基础,也是制造强国、网络强国和数字中国等重大战略的支撑。为了提高软件质量,降低软件开发成本,软件测试成为软件与信息服务产业中的共性技术。

本书依据高职软件测试课程教学标准,对接软件测试岗位技能要求、《计算机软件测试规范》国家标准、全国职业院校技能大赛软件测试竞赛规程等,设计覆盖对应知识、技能与素质要求的教材内容体系,有机融入岗位、课程、竞赛和1+X证书的要求,反映软件测试主流技术、发展趋势及相关新技术、新规范和新标准。坚持工学结合、理实一体的编写理念,基于软件测试的工程化特征,根据软件测试岗位典型工作任务,分析对应的知识、技能与素质要求,确立教材知识、技能、素养点组成,甄选、整合、序化内容。采用项目任务驱动编写方式,选取来自企业的真实项目案例,以典型工作任务为载体组织教学单元,将完成任务所需的相关知识、技能和素养构建于项目之中,在完成项目任务的过程中培养软件测试生产过程的关键能力与综合素养。

本书全面贯彻党的二十大精神,坚持立德树人、以生为本,将价值塑造、知识传授和能力培养有机结合。提高软件质量是推进实施国家软件发展战略的重要内容,软件测试是保障软件质量的主要手段。通过深入学习软件测试,培养学习者质量意识、科学思维以及运用所学知识实现科技报国理想的爱国担当。通过引入软件测试职场工作场景,将职业技能、职业理想和职业道德教育融通,注重学思结合、知行统一,引导学习者理解并践行追求品质、精益求精的工匠精神,增强勇于探索的创新精神及善于解决问题的综合能力。

本书划分为初识软件测试、软件开发流程、软件测试的管理、黑盒测试、白盒测试、性能测试、安全测试和自动化测试八个教学项目,以完成项目案例的工作任务为主线,重组知识点与技能点并由此构建相应教学项目的内容,充分满足项目学习、案例学习的要求。本书设计了层级递进的导学路径,每个教学项目按照学习目标、学习路径、任务描述、任务技能、任务实施、任务总结和任务习题进行编排。学习目标即要达成的任务目标,学习路径以思维导图形式给出任务指引,任务描述包含情境导入和功能描述,任务技能讲解完成任务所需的知识技能,任务实施给出完成本项任务的详细过程和具体步骤,任务总结是基于本项任务实施的经验总结,任务习题用于课后复习、拓展和提升。

本书内容理论性与实践性兼具,理论内容阐述简明,实例操作讲解细致、步骤清晰,实现了理实结合。同时配套了教学课件、教学视频、实训源代码包和习题等多样化教学资源,可获得可听、可视、可练、可交互的数字化课程资源支持,可随时随地支持线上线下混合式教学。

本书由6所高职院校7名专业教师、1家科技集团3名技术人员合作开发,充分发挥校企双方经验与资源互补优势。广州番禺职业技术学院杨鹏教授与天津滨海迅腾科技集团有限公司翟亚峰共同担任主编，天津商务职业技术学院史玉琢、广州铁路职业技术学院孟思明、许昌职业技术学院徐书欣、周口职业技术学院王文立、山西旅游职业学院郭惠、许昌职业技术学院卜银娜担任副主编，天津滨海迅腾科技集团有限公司窦珍珍和李肖霆参编。其中，项目一由史玉琢负责编写，项目二由孟思明负责编写，项目三由王文立负责编写，项目四由郭惠负责编写，项目五由徐书欣负责编写，项目六由卜银娜负责编写，项目七和项目八的编写以及本书的整体编排规划由杨鹏负责，附件一至五以及全书的案例和实训源代码由翟亚峰、窦珍珍和李肖霆负责编写整理。

本书是育训一体、项目式新形态教材，是高职本科、专科院校软件工程、软件技术等相关专业软件测试课程教材，也可作为行业企业的软件测试培训教材。

由于编者水平有限，书中难免出现错误与不足，恳请读者批评指正。

编者

2022 年 11 月

目　录

项目一　初识软件测试

通过本项目的学习,了解软件的概念与分类,重点学习软件开发模型、软件测试、软件测试模型以及软件测试分类,具有区分软件测试与质量保证的能力。在学习过程中:

● 了解软件的开发周期。
● 掌握软件测试的原则。
● 掌握软件测试模型的分类。
● 掌握软件测试的方法。

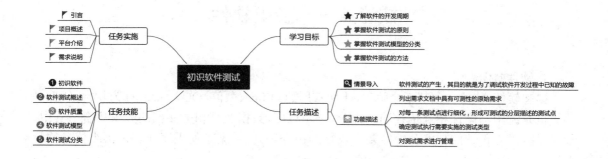

【情境导入】

目前软件系统越来越复杂，一个软件被划分为多个模块，由不同的软件工程师负责编写，一位工程师可能只负责其中一个模块，其对全局设计的理解就会受限制。此时，如果运行软件就容易产生很多的错误。而软件测试的主要目的就是为了调试软件在开发过程中已知的故障。

【功能描述】

● 列出需求文档中具有可测性的原始需求。
● 对每一条测试点进行细化，形成可测试的分层描述的测试点。
● 确定测试执行需要实施的测试类型。
● 对测试需求进行管理。

技能点一　初识软件

1. 软件概念

提起软件，估计大家都不会陌生，比如常用的 Office、微信、QQ 等都统称为软件，软件是计算机系统中与硬件相互依存的一部分，它是程序、数据及其相关文档的完整集合。其中，程序是按事先设计的功能和性能要求执行的指令序列；数据是使程序能正常操纵信息的数据结构；文档是与程序开发、维护和使用有关的图文材料。

在使用软件过程中总结出软件具有如下特点。

①软件是一种逻辑实体，而不是具体的物理实体。因而它具有抽象性。

②软件的产生与硬件不同，它没有现实的制造过程。对软件的质量控制，必须着重在软件开发方面下功夫。

③任何机械、电子设备在运行和使用中，其失效率大都遵循如图 1-1（a）所示的 U 形曲

线（即浴盆曲线）。而软件的情况与此不同，因为它不存在磨损和老化问题。但是它存在退化问题，必须要多次对其进行修改（维护），如图 1-1（b）所示。

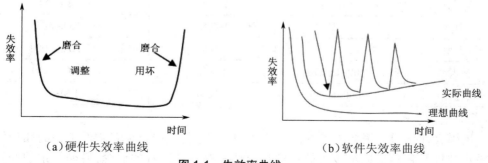

（a）硬件失效率曲线   （b）软件失效率曲线

图 1-1   失效率曲线

④软件的开发和运行常常受到计算机系统的限制，对计算机系统有着不同程度的依赖性。为了解除这种依赖性，在软件开发中提出了软件移植的问题。

⑤软件的开发至今尚未完全摆脱手工的开发方式。

⑥软件本身是复杂的。软件的复杂性可能来自它所反映的实际问题的复杂性，也可能来自程序逻辑结构的复杂性。

⑦软件的开发成本相当高。软件的开发工作需要投入大量的、复杂的、高强度的脑力劳动，它的成本是比较高的。

⑧相当多的软件工作涉及社会因素。许多软件的开发和运行涉及机构、体制及管理方式，甚至涉及人的观念和人们的心理等问题。它们直接影响项目的成败。

2. 软件分类

软件是多种多样的，可以根据功能、用途等对软件进行分类，常见的软件一般按照功能、规模、工作方式、服务对象等进行分类。

（1）按软件功能进行划分

①系统软件：能与计算机硬件紧密配合，使计算机系统各个部件、相关的软件和数据协调、高效地工作的软件。例如，操作系统、数据库管理系统、设备驱动程序以及通信处理程序等。

②支撑软件：是协助用户开发软件的工具性软件，其中包括帮助程序人员开发软件产品的工具，也包括帮助管理人员控制开发进程的工具。

③应用软件：是在特定领域内开发，为特定目的服务的一类软件。

（2）按软件规模进行划分

按开发软件所需的人力、时间以及完成的源程序行数，可确定 6 种不同规模的软件，如表 1-1 所示。

表 1-1   软件规模的分类

类别	参加人员数	研制期限	产品规模（源程序行数）
微型	1	1~4 周	0.5 k

续表

类别	参加人员数	研制期限	产品规模（源程序行数）
小型	1	1~6 月	1 k~2 k
中型	2~5	1~2 年	5 k~50 k
大型	5~20	2~3 年	50 k~100 k
甚大型	100~1 000	4~5 年	1 M(=1 000 k)
极大型	2 000~5 000	5~10 年	1 M~10 M

规模大、时间长、很多人参加的软件项目，其开发工作必须有软件工程的知识做指导。规模小、时间短、参加人员少的软件项目也要了解软件工程的概念，遵循一定的开发规范。其基本原则是一样的，只是对软件工程技术依赖的程度不同而已。

（3）按软件工作方式划分

①实时处理软件：指在事件或数据产生时，立即予以处理，并及时反馈信号，控制需要监测和控制的过程的软件，主要包括数据采集、分析、输出 3 个部分。

②分时软件：允许多个联机用户同时使用计算机。

③交互式软件：能实现人机通信的软件。

④批处理软件：把一组输入作业或一批数据以成批处理的方式一次运行，按顺序逐个处理的软件。

（4）按软件服务对象进行划分

①项目软件：也称定制软件，是受某个特定客户（或少数客户）的委托，由一个或多个软件开发机构在合同的约束下开发出来的软件。例如军用防空指挥系统、卫星控制系统。

②产品软件：是由软件开发机构开发出来直接投入市场，或是为大批量用户服务的软件。例如，文字处理软件、文本处理软件、财务处理软件、人事管理软件等。

3. 软件开发周期

软件和其他产品一样，都有一个从"出生"到"消亡"的过程，这个过程称为软件的生命周期。在软件的生命周期中，软件测试是一个非常重要的环节。

软件生命周期分为多个阶段，每个阶段都有明确的任务，这样就使得结构复杂、管理复杂的软件开发变得容易控制和管理。通常情况下，软件周期一般分为六个阶段，分别是制订计划、需求分析、软件设计、程序编写、软件测试、软件运行和维护。

①制订计划：确定待开发软件系统的总目标，在功能、性能、可靠性以及接口等方面提出要求；研究完成该项目软件任务的可行性，探究解决问题的可能方案；制订完成开发任务的实施计划，连同可行性研究报告提交管理部门审查。

②需求分析：对待开发软件提出的需求进行分析并给出详细的定义。编写软件需求说明书及初步的用户手册，提交管理机构评审。

③软件设计：把已确定的各项需求转换成一个相应的体系结构，进而对每个模块要完成的工作进行具体的描述。编写设计说明书，提交评审。

④程序编写：把软件设计转换成计算机可以识别的程序代码。

⑤软件测试：在设计测试用例的基础上检验软件的各个组成部分。

⑥软件运行和维护：已交付的软件正式投入使用，并在运行过程中进行适当的维护。

软件生命周期模型是从软件项目需求定义直至软件经使用后废弃为止，跨越整个生存周期的系统开发、运作和维护实施的全部过程、活动和任务的结构框架。

4. 软件开发模型

软件测试工作与软件开发模型息息相关，在不同的软件开发模型中，测试的任务和作用也不相同，因此测试人员要充分了解软件开发模型，以便找准自己在其中的定位和任务。

（1）瀑布模型

瀑布模型规定了各项软件工程活动，包括制订开发计划、进行需求分析和说明、软件设计、程序编码、测试及运行维护，如图1-2所示。并且瀑布模型规定了它们自上而下，互相衔接的固定次序，如同瀑布流水，逐级下落。

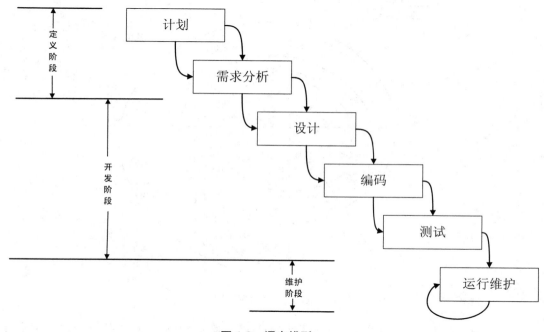

图1-2 瀑布模型

然而软件开发的实践表明，上述各项活动之间并非完全自上而下，呈线性图式。实际情况是，每项开发活动均处于一个质量环（输入—处理—输出—评审）中。只有当其工作得到确认，才能继续进行下一项活动（在图1-2中用向下的箭头表示）；否则返工（在图1-2中用向上的箭头表示）。

瀑布模型是一个很好的想法，但不切实际。即使能确定开发需要的时间，在没有考虑问题的细节时，是不可能预知在开发过程中会遇到什么困难的，比如设计缺陷、技术问题等。所以，任何阶段都可能比预期的时间长。另外，工作也可能会扩张，以充分利用可用的时间，这样，某个问题之前的各个阶段的修改很可能会浪费大量的时间，最终结果是整个项目都得延迟交付。

（2）螺旋模型

对于复杂的大型软件，开发一个原型往往达不到要求。螺旋模型将瀑布模型与演化模型结合起来，并且加入两种模型均忽略了的风险分析。螺旋模型沿着螺线旋转，如图 1-3 所示，在笛卡儿坐标的四个象限上分别表达了四个方面的活动，即：

①制订计划——确定软件目标，选定实施方案，弄清项目开发的限制条件；

②风险分析——分析所选方案，考虑如何识别和消除风险；

③实施工程——实施软件开发；

④客户评估——评价开发工作，提出修正建议。

沿螺线自内向外每旋转一圈便开发出一个更为完美的新的软件版本。

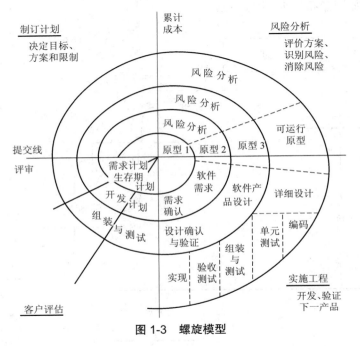

图 1-3　螺旋模型

在完成一次循环后，就增加了对问题域和解决方案的理解，还可以使用户参与进来，这样用户可以对最终系统中包含的事务或功能提出修正建议。有了新的知识库，就可以再次执行一遍开发过程。现在我们更新了需求，更深地理解或更正了分析，加强系统设计，给子系统添加些界面，再编写更多的代码，更多地满足需求，经过三四遍的开发过程，完成系统后，就可以全面测试和部署系统。

与瀑布模型比较，似乎螺旋模型的活动比较少。它使用户参与了整个生命周期，每个人都可以看正在进行的工作；它调整改动的次数和每次改动所花的时间较少。

但是螺旋模型的开发方式也不是完美的，只是把瀑布模型的开发过程重复进行了三四次，如果发现错误，就必须在下一遍开发过程中才能更正它们。因此，螺旋模型本身不是非常有用，需要和其他的模式结合起来一起使用。

（3）喷泉模型

喷泉模型对软件复用和生命周期中多项开发活动的集成提供了支持，主要支持面向对象的开发方法,"喷泉"一词本身体现了迭代和无间隙特性。系统某个部分常常重复工作多次,相关功能在每次迭代中随之加入演进的系统。所谓无间隙是指在开发活动,即分析、设计和编码之间不存在明显的边界。喷泉模型如图 1-4 所示。

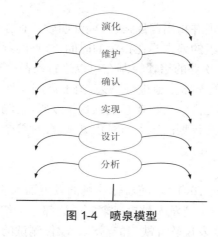

图 1-4 喷泉模型

在喷泉模型中,允许重复开发中的各个阶段根据需要前后移动或者来回移动。

技能点二 软件测试概述

1. 什么是软件测试

软件测试是指在规定条件下对程序进行操作的过程,在此过程中测试员可以发现程序的错误、软件的质量以及软件是否满足用户需求等。在软件开发到软件发布这一过程中,软件测试是一个很重要的环节,若测试没有做好,会对公司造成很大的损失。如软件即将销售时发现具有严重问题,从而推延发布日期,失去市场机会;或者软件发布后,用户发现了不能容忍的错误,引起索赔、法律纠纷等。 软件测试不仅能提高软件质量,还可以预防问题,减少程序中未发现的缺陷等。软件发布前期工程如图 1-5 所示。

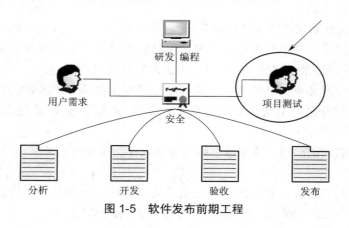

图 1-5 软件发布前期工程

一款软件在开发过程中往往大错误不多,最多的就是隐藏的 Bug(漏洞),测试员必须心细,才能找出软件中的 Bug。对一个好的软件测试员来说,软件有很多地方需要测试,除了程序的问题,影响客户体验的问题也需要通过测试找出,避免软件发布后用户无法使用,造成损失。

软件测试的作用就是发现并指出问题,其只能证明软件存在错误,但不能证明软件没有错误。软件公司对软件开发组的要求是在指定的时间、合理的预算下,提交一个可以交付的软件。测试员的工作就是把软件的错误控制在可以进行产品交付的范围内,但该软件并不是没有错误,软件测试不可能无休止地进行下去,由于不同软件测试的成本不同,因此要把错误控制在一个合理的范围之内。这也要求在项目计划时,给测试留出足够的时间和经费,仓促地测试或者由于项目提交计划的压力而终止测试,会对整个项目造成无法估量的损失。

2. 软件测试的发展

(1)历史

软件测试起源于 20 世纪 70 年代,随着计算机的发展而产生。早期的软件测试是软件开发过程中的一个阶段,常常由开发人员自己来完成这部分工作。直到 1957 年软件测试与调试区别开来,软件测试成为发现软件缺陷的活动。软件测试的发展如表 1-2 所示。

表 1-2　软件测试的发展

时间	内容
1972 年	Bill Hetzel 博士在北卡罗来纳大学举行了首届软件测试正式会议
1979 年	《软件测试的艺术》("The Art of Software Testing")是软件测试领域第一本重要的专著,书中提出软件测试的定义"测试是为了发现错误而执行的一个程序或者系统的过程"
20 世纪 80 年代早期	软件行业开始关注软件产品质量并在公司设立软件质量保证部门 QA,软件质量保证部门的职能转变为流程监控
20 世纪 90 年代	在各地成立了软件测试机构并提供相应的测试服务
2001 年后	国内兴起了一大批软件测试、软件外包服务公司

(2)趋势

纵观国内外软件测试的发展现状,可以看到软件测试有以下的发展趋势。

①测试工作将贯穿整个开发体系。测试人员应尽早融入整个软件开发工程,在软件需求阶段就应开发相应的测试方法,使得每一个需求都是可以测试的。

②测试职业分量加重。虽然测试人员和项目开发工程师是矛盾体,但也是相互协调的整体。以前大部分开发人员认为如果开发能力不够,就去做测试,而现在却是厉害的开发者,才能胜任测试工作。

③成立独立的测试部门。越来越多的企业将软件测试和开发等部门一样作为重要的独立部门。

④外包服务增长迅速。软件测试外包将成为全球化的一种趋势,可以利用职业测试专家队伍与机构为自己的产品进行测试,而且可以节省测试费用。

3. 软件测试的原则

（1）测试应基于用户需求

所有的测试标准应建立在满足客户需求的基础上，从用户角度来看，最严重的错误是导致程序无法满足需求的错误。应依照用户的需求配置环境并且依照用户的使用习惯进行测试并评价结果。假如系统不能满足客户的需求和期望，那么，这个系统的研发是失败的，同时在这个系统中发现和修改缺陷也是没有任何意义的。开发过程中用户早期介入和接触原型系统就是为了避免发生这类问题。有时，站在开发者角度看起来完美的产品，可能并不是用户真正想要的产品。

（2）做好软件测试计划是做好软件测试工作的关键

软件测试是有组织、有计划、有步骤的活动，因此必须提前做好测试计划，并且要严格执行测试计划，避免测试的随意性。测试计划应包括所测软件的功能、输入和输出、测试内容、各项测试的进度安排、资源要求、测试资料、测试工具、测试用例的选择、测试的控制方法和过程、系统的配置方式、跟踪规则、调试规则、回归测试以及评价标准等。另外，回归测试的关联性一定要引起充分的注意，因修改一个错误而引起更多错误的现象并不少见。

与软件测试相关的活动依赖于测试对象的内容。对于每个软件系统，其测试策略、测试技术、测试工具、测试阶段以及测试出口准则等的选择，都是不一样的。同时，测试活动必须与应用程序的运行环境和使用中可能存在的风险相关联。因此，没有两个系统可以以完全相同的方式进行测试。比如，对关注安全的电子商务系统进行测试，与对一般的商业软件进行测试的重点是不一样的，它更多关注的是安全测试和性能测试。

（3）应尽早开始软件测试并不断进行软件测试

由于软件的复杂性和抽象性，在软件生命周期各阶段都可能产生错误，所以不应把软件测试仅仅看作是软件开发的一个独立阶段，而应当把它贯穿于软件开发的各个阶段。在需求分析和设计阶段就应开始进行测试工作，编写相应的测试计划及测试设计文档，同时坚持在开发的各阶段进行技术评审和验证，这样才能尽早发现和预防错误，杜绝某些缺陷和错误，提高软件质量。尽早开展测试准备工作使测试人员能够在早期了解到测试的难度，预测测试的风险，有利于制定出完善的计划和方案，提高软件测试及开发的效率，规避测试中存在的风险。尽早开展测试工作，有利于测试人员尽早发现软件中的缺陷，大大降低错误修复的成本。测试工作进行得越早，越有利于提高软件的质量，这是预防性测试的基本原则。

（4）测试前必须明确定义好产品的质量标准

只有建立了质量标准，才能根据测试的结果，对产品的质量进行分析和评估。同样，测试用例应该确定期望输出结果。如果无法确定期望输出结果，则无法进行检验。必须用预先确定对应的输入数据和输出结果来对照检查当前的输出结果是否正确，做到有的放矢。系统的质量特征不仅仅是功能性要求，还包括了很多其他方面的要求，比如稳定性、可用性和兼容性等。

（5）避免测试自己的软件

由于心理因素的影响或者程序员本身对用户需求或者规范理解得不正确导致程序中存在错误，应避免程序员或者编写软件的组织测试自己的软件。一般要求由专门的测试人员进行测试，并且要求用户参与，特别是验收测试阶段，用户是主要的参与者。

（6）应充分注意测试中的集群现象

一般来说，一段程序中已发现的错误数越多，其中存在的错误概率也就越大。错误集中发生的现象，可能和程序员的编程水平和习惯有很大的关系。因此，对发现错误较多的程序段，应进行更深入的测试。

（7）必须检查每个实际输出结果

应当彻底检查每个测试的执行结果，避免因为疏忽或者对执行结果与预期结果的一致性主观臆断造成错误遗漏。

（8）穷举测试是不可能实现的

由于时间和资源有限，穷举测试是不可能实现的，软件测试也不能无限地进行下去，应适时终止。此外，应避免冗余测试。

（9）测试设计决定了测试的有效性和效率

测试设计决定测试的有效性和效率，测试工具只能提高测试效率而非万能。根据测试的目的，采用相应的方法设计测试用例，从而提高测试的效率，更多地发现错误，提高程序的可靠性。除了检查程序是否做了应该做的事，还要检查程序是否做了不该做的事；另外，测试用例的编写不仅应当根据有效和预料到的输入情况，而且应当根据无效和未预料的输入情况。

（10）注意保留测试设计和说明文档，并注意测试设计的可重用性

妥善保存测试计划、测试用例、出错统计和最终分析报告，为维护等提供方便。

（11）杀虫剂悖论

杀虫剂用得多了，就会使害虫产生免疫力，杀虫剂就发挥不了效力。在测试中，同样的测试用例被一遍一遍反复使用时，发现缺陷的能力就会越来越差。这种现象的主要原因在于测试人员没有及时更新测试用例，同时对测试用例及测试对象过于熟悉，形成思维定式。

为避免这种现象，测试用例需要经常评审和修改，不断增加新的不同的测试用例来测试软件或系统的不同部分，保证测试用例永远是最新的，即包含最后一次程序代码或说明文档的更新信息。这样软件中未被测试过的部分或者先前没有被使用过的输入组合就会重新执行，从而发现更多的缺陷。同时，作为专业的测试人员，要具有探索性思维和逆向思维，而不仅仅是做输出与期望结果的比较。

（12）计划测试工作时不应该默认假定不会发现错误

具体内容略。

4. 软件测试的目标

①以最少的人力、物力、时间找出软件中潜在的各种错误和缺陷。

②修正各种错误和缺陷提高软件质量，避免软件发布后潜在的软件错误和缺陷造成隐患所带来的商业风险。

③将测试过程中得到的测试结果和测试信息，作为后续项目开发和测试过程改进的参考；避免出现重复的问题。

④采用高效的测试管理手段，提高软件测试的效率和软件产品质量。

技能点三　软件质量

软件测试和软件质量是不可分割的。测试是手段,质量是目的。软件测试能够找出软件缺陷,提高软件质量,确保软件产品满足需求。但是测试不是质量保证,二者之间是既存在包含又存有交叉的关系。

1. 软件测试与质量保证的联系

测试贯穿软件的整个生命周期,从静态测试到动态测试,确保每一阶段的检测结果都能满足项目的需求和质量的要求,尽早发现缺陷、错误等并加以修正,避免因缺少测试造成缺陷不断扩大,积累到最后导致软件产品不合格等。

软件测试与软件质量的共同点在于二者都是贯穿整个软件开发生命周期的流程。软件质量保证的职能是向管理层提供正确的可视化的信息,从而促进与协助流程改进。软件质量保证还充当测试工作的指导者和监督者,帮助软件测试建立质量标准、测试过程评审方法和测试流程,同时通过跟踪、审计和评审,及时发现软件测试过程中的问题,从而帮助改进测试或整个开发的流程等。

2. 软件测试与质量保证的区别

测试人员在测试过程中最重要的工作就是提高软件质量,但并不是保证质量,因为测试只是质量保证工作中的一个环节。软件质量保证和软件测试是软件质量工程的两个不同层面的工作。

质量保证:质量保证的重要工作是通过预防、检查与改进来保证软件质量。虽然在质量保证过程中也会涉及软件测试,但所关注的是软件质量的检查与测量。质量保证的工作是对软件生命周期进行管理以及验证软件是否满足规定的质量和用户的需求,因此主要着眼于软件开发活动中的过程、步骤和产物,而不是对软件进行剖析找出问题或评估。

软件测试:测试虽然与开发过程紧密相关,但关注点不在过程,而在过程的产物以及开发出的软件上。测试人员要对软件的开发文档和源代码进行走查,并运行软件,以找出问题,报告软件质量。对测试中发现的问题进行分析、追踪与回归测试也是软件测试中的重要工作,因此软件测试是保证软件质量的一个重要环节。

3. 要提高软件质量不能忽视软件测试

软件测试通常要在不同层次上执行,大体上划分为 3 个阶段:单元测试、集成测试、系统测试。

①单元测试:一般需要对被测代码进行访问和借助测试工具的支持,并且可能需要被测代码的编写人员介入。

②集成测试:通常采用自顶向下或自底向上的集成方法,用于传统的、分级的结构化软件系统。现代的集成测试策略更多是结构驱动的,这意味着对软件模块或子系统的集成是基于确定的功能线程,因此集成测试是一个连续活动,每一阶段测试人员必须抽象出低一级的情况,并集中于正在处理的这一级的状况。

③系统测试:检验整个系统是否满足《需求规格说明书》所提出的所有需求。它需要将

系统与非功能性系统需求进行比较。非功能性系统需求指系统的安全性、速率、精确性和可靠性等。系统测试的类别有功能测试、性能测试、外部接口测试、人机界面测试、安全性测试和可靠性测试。

做好测试工作,首先验证软件是否满足软件科研任务书、需求规格说明书和软件设计所规定的技术要求;其次,通过测试,人们可以尽早发现软件缺陷,并确保其得以修复;最后,完善的测试为软件可靠性与安全性评估提供了重要依据。

技能点四　软件测试模型

在软件质量体系中,为了更好地管理软件开发的全部过程,软件质量人员提出了软件测试模型。典型的开发模型有边做边改模型、瀑布模型、快速原型模型等,但这些开发模型并没有把软件测试列进去,这样无法很好地对软件进行测试。而随着软件测试的发展,软件测试成为软件质量保证的重要手段之一,软件测试也慢慢地受到公司的重视,于是软件质量人员希望软件测试也像软件开发一样,由一个模型来指导整个软件测试过程。当前最常见的软件测试模型有 V 模型、W 模型、H 模型和 X 模型。

1. V 模型

V 模型在软件测试中存在已久,其与瀑布模型具有许多相同的特性。V 模型强调了在整个软件项目开发中需要经历的若干个测试级别,并与每一个开发级别对应。如图 1-6 所示,过程从左到右,描述了基本的开发过程和测试行为。V 模型虽然明确地标明了测试过程中存在的不同级别,并且清楚地描述了这些测试阶段和开发过程的各阶段的对应关系,但是它把测试作为编码之后的最后一个过程,需求分析等前期产生的错误直到后期的验收测试时才能被发现,这就造成了 V 模型的局限性。

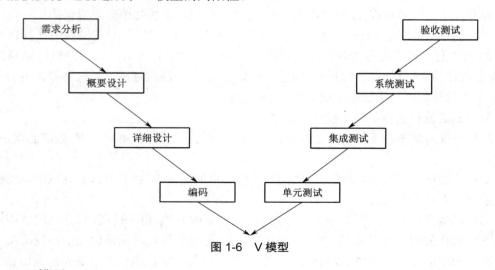

图 1-6　V 模型

2. W 模型

W 模型的出现补充了 V 模型中忽略的内容,强调了测试计划等工作的先行和对系统需求和系统设计的测试。相对于 V 模型，W 模型增加了软件各开发阶段中应同步进行的验证和确认活动。W 模型由两个 V 模型组成，分别代表测试与开发过程，如图 1-7 所示，明确表示了测试与开发的并行关系，测试贯穿整个软件开发周期，从需求到项目开发完成，有利于尽早、全面地发现问题。

例如，需求分析完成后，测试人员就参与到对需求的验证和确认过程中，这样可以尽早找出缺陷所在。同时，对需求的测试也有利于及时了解项目难度和测试风险，及早制定应对措施，这将显著减少总体测试时间，加快项目进度。

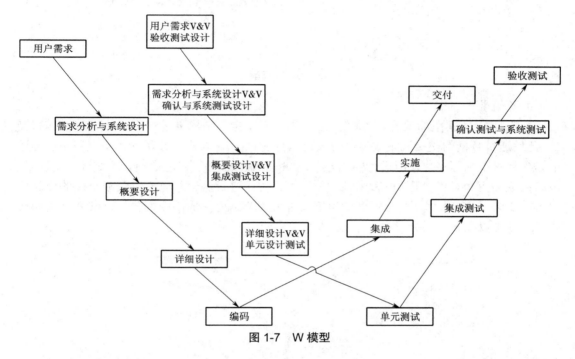

图 1-7　W 模型

W 模型也存在局限性。在 W 模型中，需求、设计、编码等活动被视为串行的，同时，测试和开发活动也保持着一种线性的前后关系，上一阶段完全结束，才可正式开始下一个阶段的工作。这样就无法支持迭代的开发模型。对于当前软件开发复杂多变的情况，W 模型并不能消除测试管理面临的困惑，如图 1-8 所示。

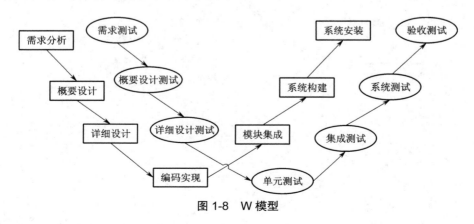

图 1-8　W 模型

3. H 模型

H 模型强调测试是独立的,测试过程贯穿整个产品的生命周期,可与其他流程一起进行。某个测试点准备就绪时,H 模型就可以从测试准备阶段进行到测试执行阶段。在 H 模型中,软件测试可以尽早地进行,并且可以根据被测物的不同而分层次进行。图 1-9 为在整个生命周期中某个层次上的一次测试"微循环"。其中的其他流程可以是任意的开发流程。

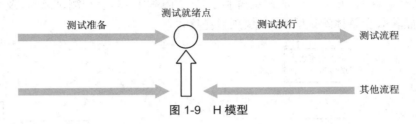

图 1-9 H 模型

4. X 模型

X 模型是 V 模型的改进,X 模型提出针对单独的程序片段进行相互分离的编码和测试,此后通过频繁的交接和集成最终合成可执行的程序。如图 1-10 所示,X 模型左边描述的是先针对单独程序片段所进行的相互分离编码和测试,然后将进行频繁的交接,并通过集成最终成为可执行的程序,最后再对这些可执行程序进行测试。已通过集成测试的成品可以进行封装并提交给用户,也可以作为更大规模和范围内集成的一部分。多条并行的曲线表示变更可以在各个部分发生。

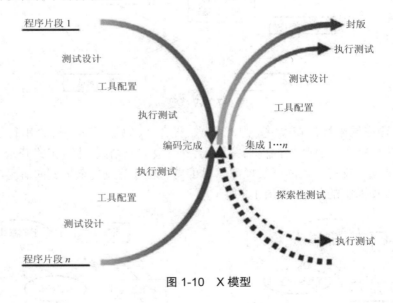

图 1-10 X 模型

技能点五　软件测试分类

软件测试是一个完整的、体系庞大的学科,不同的测试领域都有不同的测试方法、名称、技术,比如常用的黑盒测试、白盒测试等都是根据不同的分类方法而产生的测试名称,根据不同分类标准,可以将软件测试分为多类。

1. 按照测试阶段分类

根据测试阶段不同,可以将软件测试分为单元测试、集成测试、系统测试和验收测试,这种分类方法是为了检查软件开发各个阶段是否符合要求。

（1）单元测试

单元测试一般是软件测试的第一步,主要目的是验证软件单元是否符合软件需求和设计要求,目前主要是由开发人员进行自测。

（2）集成测试

集成测试是将通过单元测试的软件单元组合在一起,测试它们之间的接口,从而得出软件是否满足设计的要求。

（3）系统测试

系统测试是将经过集成测试的软件在实际环境中运行,并与系统中的其他部分组合在一起进行的测试。

（4）验收测试

验收测试主要是对软件产品说明进行测试,通过说明书的要求对产品进行相关的测试,确保其符合用户的各项要求指标。

2. 按照测试技术分类

软件测试按照测试技术分类一般分为黑盒测试和白盒测试。

（1）黑盒测试

黑盒测试就是把软件当作一个盒子,不需要关心内部的结构,只需要将输入的内容按照预想的结果进行输出即可。黑盒测试的流程如图 1-11 所示。

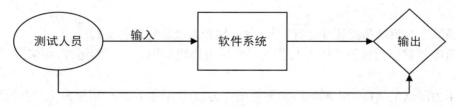

图 1-11　黑盒测试流程

（2）白盒测试

白盒测试是指测试人员了解软件程序的逻辑结构、路径与运行过程,在测试时,按照程序的执行路径得出结果。白盒测试就是把软件当作一个透明的盒子,测试人员在输入过程中清楚地知道每个输出结果。白盒测试的流程如图 1-12 所示。

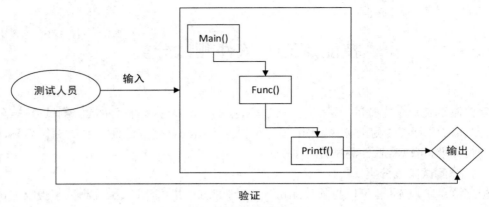

图 1-12　白盒测试流程

3. 按照软件质量分类

软件测试根据软件质量分类可以分为功能测试和性能测试。

（1）功能测试

功能测试是一种黑盒测试，用来检查软件的实际功能是否达到用户预期的需求，通常情况下，功能测试分为逻辑功能测试、界面测试、安装测试、易用性测试和兼容性测试等。

（2）性能测试

性能测试是指根据软件各方面的功能进行的测试，通常情况下有时间性能测试和空间性能测试。

时间性能测试主要是指软件在某一个具体的事务之间的响应时间，比如登录一个企业网站，输入用户名和密码后，点击"登录"按钮，在这个过程中，响应时间就是从点击"登录"按钮到界面发生反馈的时间。一般情况下，时间性能测试会对某个事务进行多个响应时间的记录从而获取平均值。

空间性能主要是软件在运行过程中消耗的系统资源，比如安装之前，软件提示用户安装的最低要求。

在软件测试过程中，性能测试可以分为一般性能测试、稳妥定性测试、负载测试和压力测试。

①一般性能测试只是指被测系统在正常的软硬件环境下运行，不需要施加任何压力的性能测试。

②稳妥定性测试是指连续运行被测系统，检查系统运行的稳定程度。

③负载测试是指被测系统在其能承受的压力极限范围之内连续运行，用来测试系统的稳定性。

④压力测试是指持续不断地给被测系统压力，直到将被测系统压垮为止，用来测试系统最大的承受压力。

为了熟悉项目的整个过程,需要针对整个项目编写需求说明文档。其内容需体现编写目的、建设目标、技术支撑、平台介绍、角色介绍、项目概述以及需求介绍等内容。在该任务实施中,将结合 OA 协同办公管理系统给出部分相关内容介绍,详细文件见"附件一 OA 协同办公管理系统需求说明书"所示。

一、角色介绍

OA 协同办公管理系统是建立符合一般企业实际管理需求的协同办公管理系统,该项目中所涉及的角色如表 1-3 所示。

表 1-3 角色管理表

角色模块	权限
超级管理员	管理全部角色的添加、删除、修改、设定等权限
CEO	查看、修改其以下角色的审批、工作记录
总经理	管理部门经理、职员、实习生等角色权限
部门经理	管理本部门对应职员权限
职员	提交工作申请
实习生	提交工作申请
试用生	提交工作申请

二、需求说明

按照模块划分将每个页面中需完成的功能、需求进行介绍,注明该页面可使用人员以及界面截图。OA 协同办公管理系统中需完成的模块内容有登录界面、系统管理、用户管理、角色管理、考勤管理、流程管理、公告管理、邮件管理、任务管理、日程管理、工作计划、文件管理、笔记管理以及通讯录模块。各个模块需完成测试的内容如表 1-4 所示。

表 1-4 需求模块说明

模块名称	子模块名称	需求说明
登录界面	登录	输入用户名、密码以及验证码进行登录

模块名称	子模块名称	需求说明
系统管理	类型管理	超级管理员在该页面调整系统内各个类型的排序,包括查找、新增、刷新、修改、查看、删除等功能
	菜单管理	超级管理员在该页面调整系统内各个菜单的查找、新增、刷新、上移、下移、修改、删除等功能
	状态管理	超级管理员在该页面调整系统内各状态的新增、刷新、修改、查看、删除等功能
用户管理	部门管理	用户可在该界面完成新增、修改、人事调动、删除操作
	在线用户	用户可在该界面完成查找、打印操作
	职位管理	超级管理员可在该界面完成新增、修改操作
	用户管理	超级管理员可在该界面完成查找、新增、修改、删除操作
角色管理	角色列表	超级管理员可在该界面完成新增、设定、修改、删除操作
考勤管理	考勤管理	超级管理员可在该界面完成刷新、修改、删除、翻页操作
	考勤周报表	用户可在该界面完成查找、翻页操作
	考勤月报表	用户可在该界面完成查找、翻页操作
	考勤列表	用户可在该界面完成刷新、查找、翻页操作
流程管理	新建流程	用户可在该界面选择提交申请的分类
	我的申请	用户可在该界面完成刷新、查看、查找、翻页操作
	流程审核	用户可在该界面完成刷新、查找、审核、查看、翻页操作
公告管理	通知管理	超级管理员可在该界面完成新增、刷新、查找、修改、查看、删除、链接、翻页操作
	通知列表	用户可在该界面完成刷新、查找、查看、转发、删除、翻页、链接操作
邮件管理	账号管理	超级管理员可在该界面完成查找、新增、修改、删除操作
	邮件管理	用户可在该界面完成编辑信件、查看邮件、全选、删除、刷新、翻页、打印、回复、转发、返回操作
任务管理	任务管理	超级管理员可在该界面完成查找、新增任务、修改、查看、删除操作
	我的任务	用户可在该界面完成查找、查看、翻页操作
日程管理	日程管理	用户可在该界面完成查找、新增、查看状态、修改、删除操作
	我的日历	用户在该界面完成新增、更换日历模式为月 / 周 / 天模式、在日历框中添加记录操作
工作计划	计划管理	用户可在该界面完成查找、新增、附件添加、修改、删除操作
	计划报表	用户可在该界面完成查找,查看日计划、周计划、月计划,翻页操作
文件管理	文件管理	用户可在该界面完成上传文档、图片、音乐、视频、压缩包格式文件操作
笔记管理	笔记管理	用户可在该界面完成新建笔记、删除笔记、刷新笔记、添加附件、修改、查看、删除、新增笔记分类、查找操作

模块名称	子模块名称	需求说明
通讯录	通讯录	用户可在该界面完成查找、刷新、新增联系人、新增通讯录分类、按照字母进行划分操作

以前 7 个模块作为案例,对其需求、界面、要求内容进行编写,剩余详细内容见附件一。

1. 登录界面

1.1　需求描述

用户输入用户名、密码及验证码后进入该系统主页面,添加验证码提高系统安全性。

1.2　行为人

超级管理员、CEO、总经理、部门经理、职员、实习生、试用生。

1.3　UI 界面

登录界面如图 1-13 所示。

图 1-13　登录界面

1.4　业务规则

用户获得用户名和密码后,将其分别输入相应的输入框,并输入验证码,点击"LOGIN"按钮即可登录该系统。点击验证码图画框可更换验证码,用户名、密码和验证码都输入正确才能登录成功。

2. 系统管理

2.1　需求描述

该模块包含类型管理和菜单管理两个子模块。

类型管理界面,用户可在该界面对系统内各个类型进行排序,以及对其进行新增、刷新、修改、查看、删除等操作。

菜单管理界面,用户可在该界面对菜单进行操作,包括对其进行新增、刷新、修改、删除、排序等操作。

2.2　行为人

超级管理员。

2.3　UI 界面

类型管理界面和菜单管理界面如图 1-14、图 1-15 所示。

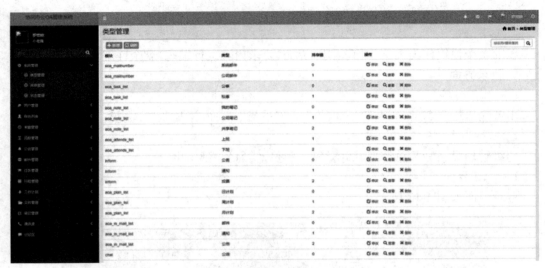

图 1-14　类型管理界面

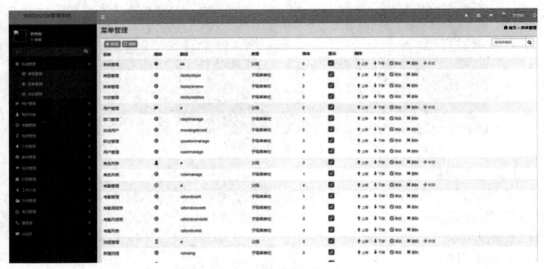

图 1-15　菜单管理界面

2.4　业务规则

仅超级管理员可对该模块进行添加、修改操作。

3. 用户管理

3.1　需求描述

该模块包含部门管理、在线用户、职位管理、用户管理四个子模块。

部门管理界面显示系统内所有部门,用户可对其进行新增、修改、删除等操作,还可对部门人事调动进行修改。

在线用户界面显示各个用户账号的登录时间、IP 及其使用的浏览器等情况,用户可将详细信息进行打印。

职位管理界面显示系统内各个职位名称及层级,用户可对其进行修改操作。

用户管理界面显示系统内所有用户的基本信息,用户可在该页面进行新增、查询、修改、删除等基本操作。

3.2 行为人

超级管理员、CEO、总经理。

3.3 UI 界面

部门管理界面、在线用户界面、职位管理界面、用户管理界面如图 1-16 至图 1-19 所示。

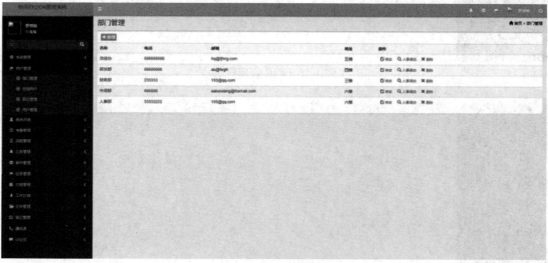

图 1-16 部门管理界面

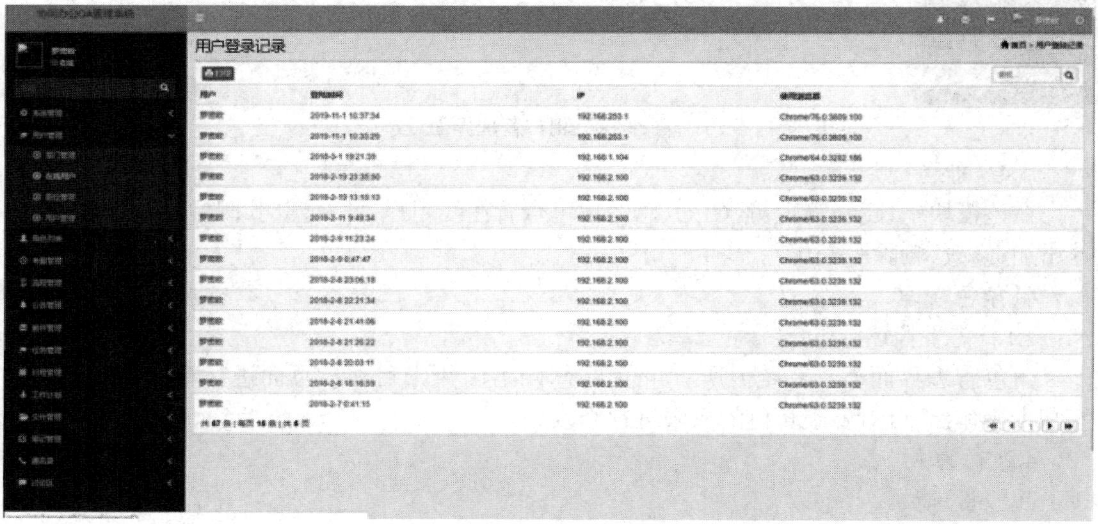

图 1-17 在线用户界面

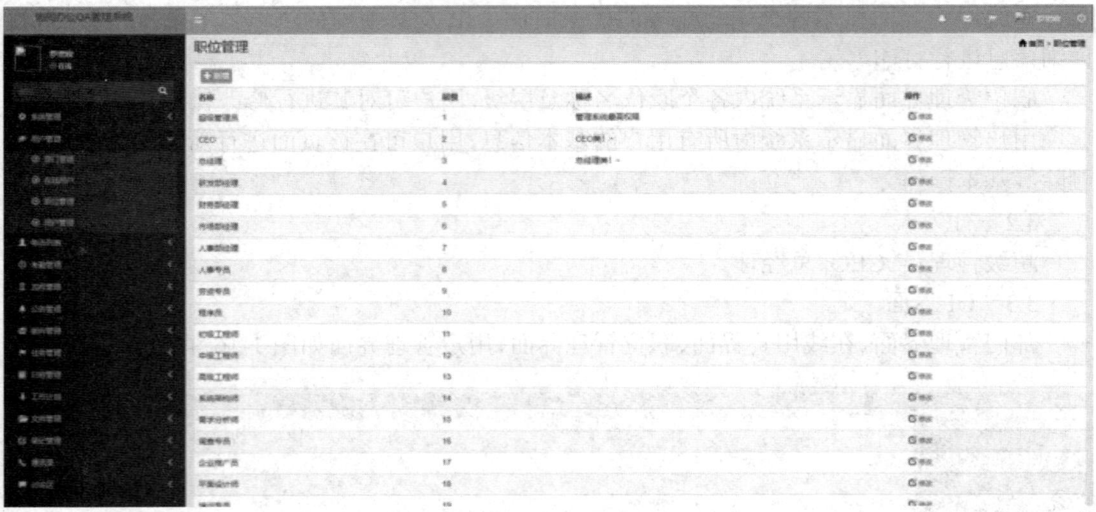

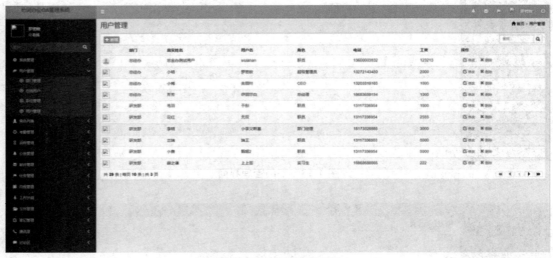

图 1-18　职位管理界面

图 1-19　用户管理界面

3.4　业务规则

在该模块中,超级管理员、CEO、总经理可查看在线用户,并对部门、职位、用户等信息进行添加、修改、删除等操作。

4. 角色管理

4.1　需求描述

角色管理界面显示系统内所有角色的基本信息,用户可在该页面进行新增、删除、修改等基本操作,还可对各类角色的权限进行修改。

4.2　行为人

超级管理员。

4.3　UI 界面

角色管理界面如图 1-20 所示。

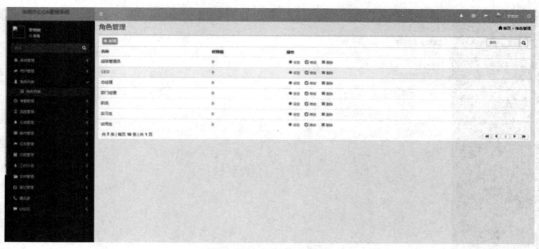

图 1-20　角色管理界面

4.4　业务规则

在该模块中,超级管理员可新增、修改或删除角色,并为其设定权限。

5. 考勤管理

5.1　需求描述

考勤管理界面显示所有用户的考勤情况,用户可在该页面查看员工的考勤状态、时间、IP 等基本信息。

考勤周报表界面以周为单位显示部门内员工的考勤情况。

考勤月报表界面以月为单位显示部门内员工的考勤情况。

5.2　行为人

超级管理员、CEO、总经理、部门经理、职员、实习生、试用生。

5.3　UI 界面

考勤管理界面、考勤周报表界面、考勤月报表界面如图 1-21 至图 1-23 所示。

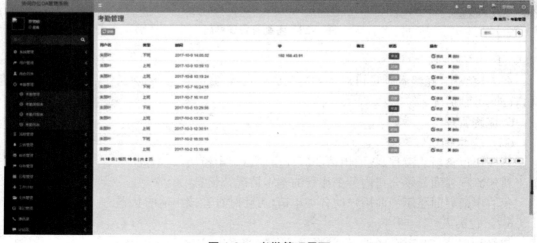

图 1-21　考勤管理界面

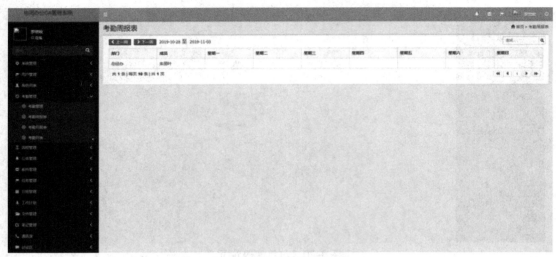

图 1-22　考勤周报表界面

图 1-23　考勤月报表界面

5.4　业务规则

在该模块中,超级管理员可对考勤情况进行查看、修改状态、删除操作,其他角色只能查看自己的考勤情况。

6. 流程管理

6.1　需求描述

该模块包含新建流程、我的申请和流程审核三个子模块。

新建流程界面显示公司内各个流程的基本情况及信息。

我的申请界面显示当前用户的各类申请,可随时查看该申请的状态。

6.2　行为人

超级管理员、CEO、总经理、部门经理、职员、实习生、试用生。

6.3 UI 界面

新建流程界面、流程审核界面如图 1-24 至图 1-25 所示。

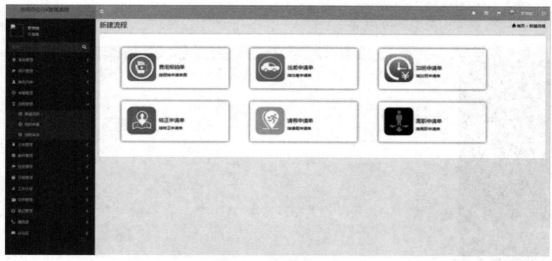

图 1-24 新建流程界面

图 1-25 流程审核界面

6.4 业务规则

在该模块中,用户可在新建流程中选择自己所要提交的申请,按照审批流程提交至各自的主管进行审批,且用户可随时在线查看审批进度。

7. 公告管理

7.1 需求描述

通知管理界面显示系统内各类通知信息,可进行新增、修改、删除等基本操作,还可对各个通知进行置顶、附加链接等操作。

7.2　行为人

超级管理员、CEO、总经理、部门经理。

7.3　UI 界面

通知管理界面如图 1-26 所示。

图 1-26　通知管理界面

7.4　业务规则

在该模块,超级管理员、CEO、总经理、部门经理可在线发布任务通知、公告信息,并对其进行修改、删除等操作。其他角色可在线查看任务,并点击链接。

任 务 总 结

通过对本项目的学习,了解了软件测试的发展历程和软件测试的原则与目的,学习了软件开发模型的类别、区分软件测试与质量保证的评测方式,并掌握了软件测试模型的类别划分以及软件测试的分类。

任 务 习 题

一、填空题

1. 软件测试通常要在不同层次上执行,大体上划分为四大阶段:_____、_____、_____、_____。

2. 软件测试起源于 20 世纪_____，随着计算机的发展而产生。

3. 软件质量保证和软件测试是_____的两个不同层面的工作。

4. 典型的开发模型有边做边改模型、_____、快速原型模型等。

5. 软件测试根据软件质量特性分类可以分为_____和_____。

二、简答题

1. 简述软件测试的原则。

2. 简述软件测试与质量保证的区别。

项目二 软件开发流程

通过本项目的学习及使用不同的软件绘制静态视图和动态视图,了解软件开发流程的步骤,重点学习软件需求分析、概要设计、软件测试过程中产生的文件及对应的编写方式,具有编写软件开发流程相关文档的能力。在学习过程中:

● 了解软件需求的定义及特征。
● 掌握概要设计的过程。
● 掌握面向对象设计的主要工作。
● 掌握软件测试的流程。

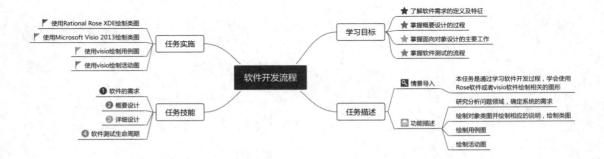

【情境导入】

在软件开发及测试过程中，了解软件开发流程能够为软件测试提供很好的帮助，尤其是软件开发过程中的文档能够有助于测试人员测试对应的项目。本任务是通过学习软件开发过程，学会使用 Rose 软件或者 visio 软件绘制相关的图形，比如类图、时序图、活动图等。

【功能描述】

● 研究分析问题领域，确定系统的需求。
● 发现对象和对象类，明确类的属性和操作，绘制类图。
● 绘制用例图。
● 绘制活动图。

技能点一　软件的需求

根据对测试人员的调查，发现长期以来，在软件需求阶段引入的软件缺陷占 54%，设计阶段引入的软件缺陷占 25% 左右，编码实现阶段引入的软件缺陷占 15% 左右。通过上面的数据，清楚地知道在需求分析阶段引入的软件缺陷是最多的，主要原因是客户需求在不断地变化。

在需求分析阶段，需要根据客户的需求，不断地更新需求规格说明书。软件测试人员需要审核需求规格说明书的内容，检查是否有遗漏的内容，实现的功能是否和用户的需求一致，找出其中的不同，再通过与需求工程师沟通，修改需求规格说明书。需求规格说明书的好坏直接关系到一个产品质量的好坏。

1. 软件需求的定义

软件需求包含多个层次，不同层次的需求从不同的角度以不同程度反映细节问题。在 IEEE 软件工程标准词汇表（1997 年）中定义需求如下。

①用户解决问题或达到目标所需的条件或权能（Capability）。

②系统或系统部件要满足合同、标准、规范或其他正式规定文档所需具有的条件或权能。

③一种反映上面①或②所述条件或权能的文档说明。它包括功能性需求及非功能性需求，非功能性需求对设计和实现提出了限制，比如性能要求、质量标准，或者设计限制。

通过 IEEE 公布的软件需求定义可知，对于软件需求可以从多个角度来阐述观点，比如用户的角度、开发者的角度，不管基于什么角色，都需要编写相关的需求文档。

2. 软件需求的层次

软件需求包含多个层次的需求，比如业务需求、用户需求、功能需求。

①业务需求。业务需求主要反映组织结构或客户对系统、产品高层次的目标要求，它必须是业务导向、可度量、合理、可行的需求，从总体上描述了为什么要开发需求，组织希望达到什么目标。通常情况下，该表要求在项目视图与范围文档中予以说明。

②用户需求。用户需求主要描述用户在使用产品过程中必须完成的任务及怎么完成需求，通常在问题定义的基础上进行用户访谈、调查，对用户使用的场景进行整理，从而建立从用户的角度的需求。该需求能够体现软件系统给用户带来的业务价值，或用户要求系统必须完成的任务。在用户需求中，最重要的是确定相关的角色和角色用例，对应的任务内容在使用示例文档或者方案脚本中进行说明。

③功能需求。功能需求主要是定义开发人员必须实现的软件功能，用户利用这些功能来完成任务，满足业务需求。功能需求主要描述开发人员如何设计具体的解决方案来实现这些需求，通常这些需求要记录在软件需求规格说明书中，其目的是使用户能够完成对应的内容，从而满足业务需求。软件需求层次如图 2-1 所示。

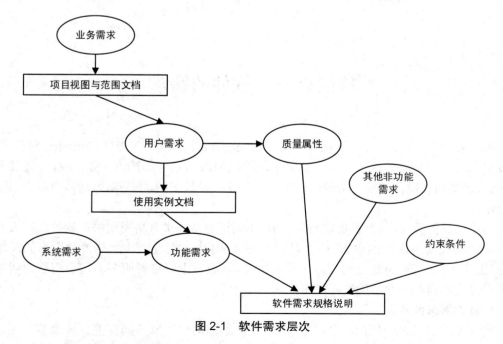

图 2-1　软件需求层次

功能需求除了来自用户的需求外，还有来自其他几方面的需求，比如系统需求、业务规则、质量属性和相关约束等。系统需求是用于描述多个子系统之间的顶级需求,主要考虑系统实现的功能描述的需求,除此之外还需要考虑系统对应的硬件、环境方面的需求。

业务规则是对用户或系统执行的某些用例进行约束,规定系统为符合相关规格必须实现某些特定的功能,通常参照的规则有企业方针、政府条例、工业标准、计算方法等文件。

质量属性指的是产品具备的属性或品质,通常情况下,包括可用性、可修改性、安全性、可测试性、易用性等内容。

约束是指软件在使用过程中的一些限制条件、补充规约等内容,通常是对解决方案的一些约束说明。

3. 高质量需求分析的特征

在编写软件需求过程中,如何才能编写出高质量的需求分析是每个软件开发之前必须要考虑事情,一个好的需求分析能够真正代表用户的需求。软件需求与其对应的系统需求说明书相抵触是不正确的。

（1）完整性

需求分析在编写过程中需要具有完整性,不应该遗漏要求和必需的信息,完整性是需求分析应该具备的特性,注重用户的任务而不是系统的功能将有助于避免不完整性。在需求抽象上,应用用例的方法会发挥很好的作用,能够从不同角度查看需求的图形分析模型,也可以检查出不完整性。

在编写过程中,如果发现缺少信息,可以使用 TBD（to be determined,待定）这一标准符号标注,以突出这些缺陷,在开发之前,必须解决需求中所有的 TBD 项。

（2）一致性

一致性要求不与其他的软件需求或高级别的系统、业务相矛盾。需求中的不一致性必须在开发开始前得到解决,只有经过调研才能确定哪些是正确的。

（3）可修改性

为了使需求规格说明可修改,必须把相关的问题组合在一起,不相关的问题必须分离,这个特征表现为需求文档的逻辑结构。当一个需求被更改时,必须能够准确定位需求的变更历史。也就是说每个需求必须相对于其他需求有其单独的标识和分开的说明,便于清晰地查阅。

（4）可追踪性

可追踪性是指将软件需求与设计元素、源代码以及用于构造实现和验证需求的测试相对应。可追踪的需求应该具有独立标识,并通过有效的手段与各层级需求建立关联映射关系。这种可追踪性要求每项需求以一种结构化的、粒度好的方式编写并单独标明,而不是采用大段叙述。

技能点二　概要设计

概要设计是软件分析师或架构设计师通过分析需求规格说明书,对软件产品的结构、逻辑进行规划,并给出设计说明书的过程。

1. 概要设计的基本任务

软件概要设计阶段主要弄清楚要做的事情是什么,总的来说共 3 个方面。

①系统分析员审查软件计划、软件需求分析提供的文档,提出候选的最佳推荐方案,并在这个过程中汇总提交系统对应的流程图、系统物理元素清单、成本效益分析、系统的进度计划等,供专家审定后,进入设计阶段。

②设计软件系统结构,确定模块结构,划分功能模块,将软件功能需求分配给所划分的最小单元模块。

③编写概要设计文档,其中包括概要设计说明书、用户手册、测试计划,选用相关的软件工具来描述软件结构,结构图是经常使用的软件描述工具。

2. 概要设计的过程

先在需求分析阶段,将系统分解成层次结构,然后在概要设计过程中,对层次结构进一步分解,将其划分为模块以及模块的层次结构,划分的一般步骤如下。

①设计系统方案。

②选取一组合理的方案。

③推荐最佳实施方案。

④功能分解。

⑤软件结构设计。

⑥数据库设计、文件结构设计。

⑦制订测试计划。

⑧编写概要设计文档。

⑨审查与复审概要设计文档。

3. 软件设计的基本原理

（1）模块化

模块是数据说明、可行性语句等程序对象的集合,是单独命名和编址的元素。比如高级语言中的过程、函数和子程序等都可以作为模块。每个模块可以完成一个特定的子功能,所有模块按照一定的方式方法组装起来形成一个整体。

在设计软件过程中,为了解决复杂的问题,需要在软件设计过程中把整个问题进行分解来降低复杂性,从而减少开发工作量以及开发成本,提高软件生产率,但软件并不是模块越多越好,所以在划分模块时模块的层次和数量应该避免过多或过少。

（2）抽象

在软件工程中,每个步骤都是对软件揭发的抽象层次的一次净化,软件结构设计中的模型分层也是由抽象到具体的反洗和构造,比如上一层模块进行的工作是一个抽象的"数据统计"操作,分解到最后一层之后,就可能是具体的"打印报表"操作了。

（3）信息隐蔽

信息隐蔽是指一个模块将自身的内容信息向其他模块隐藏,以避免其他模块的不恰当访问和修改,只有那些为了完成系统功能不可或缺的数据交换才能在模块间进行。比如我是程序中一个模块,手机是另一个模块,在使用手机拨打电话时,对手机控制的是几个按键,输入的数据是我的语音,输出的是对方的语音,在这一过程中输入输出等原理不清楚,同时也不能控制,这就类似于信息隐蔽。

（4）模块独立性

模块独立性是指每个模块只完成系统要求的独立的子功能，并且与其他模块的联系最少且接口简单。模块独立性具有以下优点。

①具有独立模块的软件开发比较容易。

②独立模块相对来说比较容易测试和维护。

模块独立程度可根据两个定性来度量，分别是耦合性和内聚性。

耦合性是指模块之间相互关联的紧密程度，模块之间联系越紧密，其耦合性越强，独立性越差。在软件设计过程中，需要提高模块的独立性，建立模块间尽可能松散的系统，是模块化设计的目标。总之，耦合是影响软件复杂程度的一个重要因素，通常采用的原则是尽量使用数据耦合，少用控制耦合，限制公共环境耦合的范围，完全不用内容耦合。

内聚性是指模块内部各个元素彼此结合的紧密程度，它是信息隐蔽和局部化概念的自然拓展，理想的内聚模块只做一件事情。

在软件设计阶段，耦合性和内聚性是模块两个独立的定性标准，将软件系统划分模块时，尽量做到高内聚、低耦合，提高模块的独立性。在内聚性和耦合性发生矛盾时，最好优先考虑耦合性，也就是先保证耦合性低一些。

4. 概要设计的基本原则与任务

概要设计包括规划模块构成的程序结构和输入输出数据结构，其目标是产生一个模块化的程序结构，并明确模块间的控制关系以及定义界面说明程序的数据。在概要设计过程中面向对象的概要设计是非常重要的，主要包含架构设计、类设计和数据库设计。

（1）架构设计

编写架构设计需要包含的内容及注意事项如下。

①应用软件设计的总体实施架构。

②软件系统所包含与使用的组件及其之间的关联与通信。

③用户界面设计，主要是界面的模式及包含的主要命令与交互。

④任务管理设计，主要是进程的调度、协调和通信。

（2）类设计

在概要设计中，对类进行设计时，需要经过以下步骤。

①需要找出设计需要的类。

②根据设计要求，改进分析汇总确定的类及其之间的关联，从而提高类的可靠性、可复用性、高内聚、低耦合等。

③设计类的属性，包含类型及引用的性质。

④确定类的消息相关机制，定义类的方法、参数、返回类型、引用性质等内容。

⑤确定类之间消息传递的机制。

⑥把类进行分类，集成到组件中。

（3）数据库设计

数据库设计在软件设计中起着至关重要的作用，一个数据库的好坏，直接影响软件的使用，在软件设计过程中数据的设计分为数据库的物理设计和接口设计。

数据库的物理设计用于确定数据库的规模、操作权限、备份恢复等基本内容，以及显示表与表之间的关联、字段的类型及基本特征等。

数据库的接口设计主要是从接口方式和接口数据两方面进行编写和整理的。

5. 面向对象设计的主要工作

（1）类图

类元是任何面向对象系统中最重要的构造块。类元用来描述结构和行为特性的机制，它包括类、接口、数据类型、信号、组件、节点等。

类是对一组具有相同属性、操作、关系和语义的对象的描述。这些对象包括现实世界中的软件事务和硬件事务，也包括纯粹概念性的事务，它们是类的实例。一个类可以实现一个或多个接口。结构良好的类具有清晰的边界，并可成为系统中职责均衡分布的一部分。

类在 UML 中由专门的图形表示，是分成 3 个分割区的矩形。其中顶端的分割区为类的名字，中间的分割区存放类的属性、属性的类型以及初始值，第三个分割区放操作、操作的参数表和返回类型，如图 2-2 所示。

图 2-2　类图的结构

类名：类的名称是每个类所必有的，用于与其他类相区别，类名是一个字符串。

属性：类的属性是类的一个组成部分，它描述了类在软件系统中代表的事务所具有的特性。类可以有任意数目的属性，也可以没有属性。属性描述了正在建模的事务的一些特性，这些特性是所有的对象所共有的。例如，对学生建模，每个学生都有名字、专业、籍贯和出生日期，这些都可以作为学生类的属性。

在 UML 中类属性的语法为

[可见性] 属性名 [: 类型] [= 初始值]

其中 [] 中的部分是可选的。类中属性的可见性主要包括 public、private 和 protected 三种，它们分别用"+""−"和"#"表示。

根据定义，类的属性首先是类的一部分，并且每个属性都必须有一个名字以区别于类的其他属性，通常情况下属性名由描述所属类的特性的短名词或名字短语构成（通常以小写字母开头）。类的属性还有取值范围，因此还需要为属性指定数据类型，如布尔类型的属性可以取两个值 TRUE 和 FALSE。当一个类的属性被完整地定义后，它的任何一个对象的状态都由这些属性的特定值所决定。

操作：类的操作是对类的对象所能做的事务的抽象。它相当于一个服务的实现，该服务可以由类的任务对象请求以影响其行为。一个类可以有任何数量的操作或者根本没有操作。类的操作必须有一个名字，可以有参数表，可以有返回值。根据定义，类的操作所提供的服务可以分为两类：一类是操作的结果引起对象状态的变化，状态的改变也包括相应动态行为的发生；另一类是为服务的请求者提供返回值。

在 UML 中类操作的语法为

[可见性] 操作名 [(参数表)][:返回类型]

实际建模中,操作名是用来描述所属类的行为的短词语或动词短语(通常以小写字母开头)。如果是抽象操作,则用斜体字表示。

(2)用例图

画好用例图是从软件需求分析到最终实现的第一步,在 UML 中用例图是以一种可视化的方式理解系统的功能需求,以便使系统的用户更容易理解这些元素的途径,也便于软件开发人员最终实现这些元素。

实际上,当软件的用户开始定制某软件产品时,最先考虑的一定是该软件产品功能的合理性、使用的方便程度和软件的用户界面特征。软件产品的价值通常就是通过这些外部特性动态体现给用户的,对于这些用户而言,系统是怎么被实现的、系统的内部结构如何不是他们所关心的内容。而 UML 的用例图就是软件产品外部特性描述的功能和动态行为。因此对整个软件开发过程而言,用例图是至关重要的,它正确与否直接影响到用户对最终产品的满意程度。

UML 中的用例图描述了一组用例、参与者以及它们之间的关系,因此用例图包括以下三个方面内容:用例、参与者和用例之间的关系。

参与者(Actor,也称为角色):是系统外部的一个实体(可以是任何事务或人),它以某种方式参与了用例的实行过程。参与者通过向系统输入或请求系统参与某些事务来触发系统执行。

参与者可以是人、另一个计算机系统或一些可运行的进程。在用例图中,参与者用一个小人图像表示,如图 2-3 所示。

图 2-3　参与者

所谓"与系统交互"指的是参与者向系统发送消息,从系统中接收消息,或者在系统中交换信息。只要使用用例,与系统互相交流的任何人或事都是参与者。比如,某人使用系统中提供的用例,则该人就是参与者;与系统进行通信(通过用例)的某种硬件设备也是参与者。

参与者是一个群体概念,代表的是一类能使用某个功能的人或事,而不是指某个个体。比如,在自动售货系统中,系统有售货、供货、提(取)销售款等功能,启动售货功能的是人,那么人就是参与者,如果再把人具体化,则该人可以是张三(张三买矿泉水),也可以是李四(李四买可乐),但是张三和李四这些具体的个体对象不能被称作参与者。事实上,一个具体的人(如张三)在系统中可以具有多种不同的参与者身份。比如,上述的自动售货系统中张三既可以为售货机添加新物品(实行供货),也可以将售货机的钱提走(执行提销售款功能)。通常系统会对参与者的行为有所约束,使其不能随便执行某些功能。比如,可以约束供货的人不能同时又是提取销售款的人，以免有舞弊行为。参与者都有名字，它的名字反映了该参与者的身份和行为（如顾客）。注意，不能将参与者的名字表示成参与者的某个实例（如张三），也不能表示成参与者所需完成的功能（如售货）。

参与者与系统进行通信的收发信息机制，与面向对象编程中的消息机制很像。参与者是启动用例的前提条件，又称为刺激物（stimulus）。参与者先发送消息给用例，初始化用例后，用例开始执行，在执行过程中，该用例也可能向一个或多个参与者发送消息（可以是其他角色，也可以是初始化该用例的参与者）。

参与者可以分为几个等级。主要参与者是执行系统主要功能的参与者，比如在保险系统中主要参与者是能够行使注册和管理保险大权的参与者。次要参与者（secondary actor）指的是使用系统的次要功能的参与者，次要功能是指完成维护系统的一般功能（如管理数据库、通信、备份等）。比如，在保险系统中，能够检索该公司的一些基本统计书籍的管理者或会员都属次要参与者。将参与者分级的主要目的是保证把系统的所有功能都表示出来。而主要功能是使用系统的参与者最关心的部分。

参与者也可以分成主动参与者和被动参与者，主动参与者可以初始化用例；而被动参与者则不行，仅仅参与一个或多个用例，以及在某个时刻与用例通信。

在获取用例前要先确定系统的参与者，可以根据以下问题来寻找系统的参与者。

谁或什么使用该系统？

交互时，它们扮演什么角色？

谁安装系统？

谁启动和关闭系统？

谁维护系统？

与该系统交互的是什么系统？

谁从系统获取信息？

谁提供信息给系统？

有什么事情发生在固定的事件？

在建模参与者过程中，记住以下要点。

①参与者对于系统而言总是外部的，因此它们在人的控制之外。

②参与者直接同系统交互，这可以帮助定义系统边界。

③参与者表示人和事务与系统发生交互时所扮演的角色，而不是特定的人或者特定的事务。

④一个人或事务在与系统发生交互时，可以同时或不同时扮演多个角色。例如，某研究生担任某教授的助教，从职业的角度看，它扮演了两个角色——学生和助教。

⑤每一个参与者都需要有一个和业务一样的名字，在建模中，不推荐使用诸如 NewActor 这样的名字。

⑥每个参与者必须有简短的描述，从业务角度描述参与者是什么。

⑦像类一样，参与者必须有简短的描述，表示参与者属性和它可接受的事件。一般情况下，这种分类使用并不多，很少显示在用例图中。

用例：用例是一个叙述型的文档，用来描述参与者使用系统完成某个事件时事情的发生顺序。不只是系统的使用过程，更确切地说，用例不是需求或者功能规格说明，但用例也展示和体现了其在所描述过程中的需求情况。

图形上的用例用一个椭圆形来表示,用例的名字可以写在椭圆的内部或下方。用例的UML图标如图2-4所示。

图2-4　用例图

每个用例都必须有一个唯一的名字以区别于其他用例。用例的名字是一个字符串,它包括简单名和路径名。图2-4所示的用例是简单名。

用例间的关系:用例除了与参与者发生关联外,还可以参与系统中的多种关系,这些关系包括泛化关系、包含关系和扩充关系。应用这些关系是为了抽取系统的公共行为和变种。用例间的关系如表2-1所示。

表2-1　用例间的关系

关系	功能	表示法
关联	参与者与其参与执行的用例之间的通信途径	→
扩展	在基础用例上插入基础用例不能说明的扩展 <<extend>> 部分	⇢
泛化	用例之间的一般和特殊关系,其中特殊用例继承了一般用例的特性并增加了新的特性	→
包含	在基础用例上插入附加行为,并且具有明确 <<include>> 的描述	⇢

用例用一个里面写了名字的椭圆形表示,用例和它通信的参与者之间用实线或虚线连接,如图2-5所示。

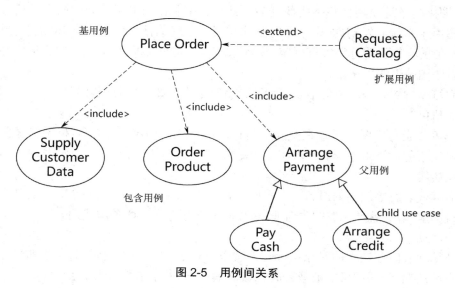

图2-5　用例间关系

　　虽然每个用例都是独立的,但是一个用例可以用其他的更简单的用例来描述。这有点像一个类可以通过继承它的超类并增加附加描述来定义。一个用例可以简单地包含其他用例具有的行为,并把它所包含的用例行为作为自身行为的一部分,这被称作包含关系。在这种情况下,新用例不是初始用例的一个特殊例子,而且不能被初始用例代替。

　　一个用例也可以被定义为基用例的增量扩展,这叫作扩展关系,同一个基用例的几个扩展用例可以在一起应用。基用例的扩展增加了原有的语义,此时是本用例而不是扩展用例被作为例子使用。

　　包含和扩展关系可以用含有关键字 <<include>> 和 <<extend>> 的带箭头的虚线表示。包含关系箭头指向被包含的用例,扩展关系箭头指向被扩展的用例。

　　一个用例也可以被特别举例为一个或多个子用例,这被称作用例泛化。当父用例能够被使用时,任何子用例也可以被使用。

　　用例泛化与其他泛化关系的表示法相同,都用一个空心三角箭头从子用例指向父用例。图 2-5 表示了销售中的用例关系。

　　(3)时序图

　　交互图(Interaction Diagram)描述了一个交互,它由一组对象和它们之间的关系组成,并且还包括在对象中传递的信息。时序图(Sequence Diagram)也作顺序图,是强调消息时间顺序的交互图,时序图描述类系统中类和类之间的交互,它将这些交互建模成消息交换。也就是说,时序图描述了类和类之间的交换,以完成期望行为的消息。

　　在 UML 中,图形上参与交互的各对象在时序图的顶端水平排列,每个对象的顶端都绘制了一条垂直虚线。当一个对象向另一个对象发送消息时,此消息开始于发送对象底部虚线,终止于接收对象底部的虚线,这些消息用箭头表示。对象收到信息后,把消息当执行某种动作的命令,因此可以这样理解,时序图向 UML 用户提供了事件流随时间推移的、清晰的和可视化的轨迹。

　　图 2-6 为购票用例的时序图。顾客在公共电话亭与售票处通话触发了这个用例的执行,时序图中付款这个用例包括售票处与公共电话亭和信用卡服务处的两个通信过程。这个时序图用于系统开发初期,未包括完整的与用户之间的接口信息,如座位是怎样排列的,对各类座位的详细说明都还没有确定。尽管如此,交互的过程中,最基本的通信已经在这个用例的时序图中表达出来。

　　我们可以看到时序图中包括以下元素:类角色、生命线、激活期和消息。

　　①类角色。

　　类角色代表时序图的对象在交互中所扮演的角色。如图 2-6 所示,位于时序图顶部的对象代表类角色。类角色一般代表实际的对象。

　　②生命线。

　　生命线代表时序图中的对象在一段时间内存在,如图 2-6 所示,每个对象底部中心都是一条垂直的虚线,这就是对象的生命线,对象间的消息存在于两条虚线间。

　　③激活期。

　　激活期代表时序图中的对象执行一项操作的时期,如图 2-6 所示,每条生命线上的窄的矩形代表激活期,激活期可以被理解成 Java 语言中一对花括号中的内容。

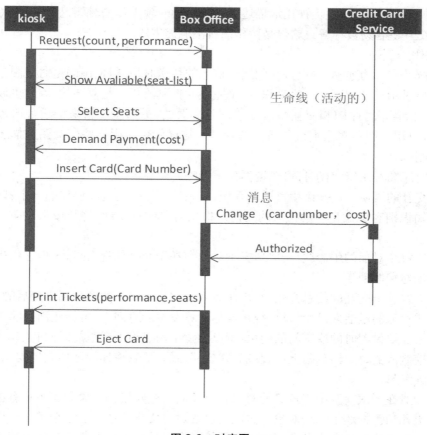

图 2-6　时序图

④消息。

消息是定义交互和协作中交换信息的类,用于对实体间的内容建模。消息用于在实体间传递信息,允许实体请求其他服务,类角色通过发送和接收信息进行通信。

时序图的用途。时序图强调按时间展开的消息传达,这在一个用例脚本的语境中对动态行为的可视化非常有效。时序图是用来表示用例中的行为顺序,当执行一个用例行为时,时序图中的每条消息对应一个类操作或状态机中一起转换的触发事件。

UML 的交互图用于对系统的动态行为建模,交互图又可分为时序图和协作图。

时序图用于描述对象间的交互时间顺序,协作图用于描述对象间的交互关系。这两者在特性上的区别,导致它们的用途有所差别。以下是时序图有别于协作图的特性。

①时序图有生命线。

生命线代表一个对象在一段时期内的存在,正是因为这个特性,使时序图适合展现对象之间消息传递的时间顺序。一般情况下,对象的生命线从图的顶部画到底部。这白色的对象存在于交互的整个过程。但对象也可以在交互中创建和撤销,它的生命线从接收到"create"消息开始到接收到"destroy"消息结束,这一点是协作图所不具备的。

②时序图有激活期。

激活期代表一个对象直接或间接地执行一个动作的事件,激活矩形的角度代表激活持续时间,时序图的这个特性可视化地描述了对象执行一项操作的时间,显然这个特性使系统间对象的交互更容易被理解。这也是协作图所不能提供的。

时序图的建模技术。

对系统动态行为建模,强调按时间展开信息的传送时,一般使用的是时序图。但单独的时序图只能显示一个控制。一般来说,一个完整的控制流肯定是复杂的,因此可以新建许多交互图(包括若干时序图和交互图),一些图是主要的,另一些图用来描述可选择的路径和一些用例,再用一个包对它们进行统一的管理。这样就可应用一些交互图来描述一个庞大复杂的控制流。

使用时序图对系统建模时,可以遵循如下策略。

设置交互的语境。这些语境可以是系统、子系统、操作、用例和协作的一个脚本。

①通知识别对象在交互中扮演的角色。根据对象的重要性,将其按从左向右的方向放在时序图中。

②设置每个对象的生命线,一般情况下对象存在于交互的整个过程,但它们也可以在交互过程中创建和撤销。

③从引发某个交互的信息开始,在生命线之间按从上向下的顺序画出随后的消息。

④设置对象的激活期,这可以可视化实际计算发生的时间点,可视化消息的嵌套。

⑤如果需要设置时间或空间的约束,可以为每个消息附上合适的时间和空间约束。

⑥给控制流的每个消息附上前置或后置条件,或者可以更详细地控制控制流。

(4)协作图

协作图对在一次交互中有意义的对象和对象间的链建模。对象和关系只有在交互时才有意义。类元角色描述了一个对象。关联角色描述了协作关系中的一个链。协作图用几何排列来表示交互作用的各个角色,如图 2-7 所示,附在类元角色上的箭头代表消息。消息的顺序用消息箭头处的编号来说明。

协作图的一个用途是表示一个类的操作实现。协作图可以说明类操作中用到的参数和局部变量以及操作中的永久链。当实现一个行为时,消息编号对应程序中的嵌套调用结构和信号传递过程。

图 2-7 是开发过程后期订票交互的协作图。这个图表示了订票涉及的各个对象间的交互关系。请求从公用电话亭触发,要求从所有的演出中查找某次演出的资料。返回给 ticketseller 对象的指针 db 代表了与某次演出资料的局部暂时链接,这个链接在交互过程中保持,交互结束时丢弃。售票方准备了许多演出票;顾客在各种价位间做一次选择,锁定所选座位,售票员将顾客的选择返回给公用电话亭。当顾客在座位表中作出选择后,所选座位被声明,其余座位解锁。

时序图和协作图都可以表示各个对象间的交互关系,但它们的侧重点不同。时序图用消息的几何排列关系来表达消息的时间顺序,各角色之间的相关关系是隐含的。协作图用各个角色的几何排列图形来表示角色间的关系,并用消息来说明这些关系。在实际中,可以根据需要选用这两种图。

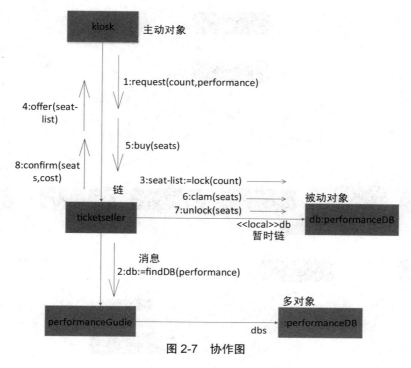

图 2-7　协作图

（5）活动图

活动图是 UML 中描述系统动态行为的图之一。它是用于展现行为的类的活动或动作。活动是在状态机中一个非原子的执行。它由一系列的动作组成,动作由可知性的原子计算组成。这些计算能够使系统的状态发生变化或返回一个值。

状态机是展示状态与状态转换的图。通常一个状态机依附于一个类,并且描述一个类的实例。状态机包含了一个类的对象在其生命周期内所有状态的序列以及对象对接收到的事务的反应,状态机有两种可视化的方式分别是状态图和活动图。活动图被设计用于描述一个过程或操作的工作步骤,从这个方面理解,它可以算是状态的一种扩展方式。状态图描述一个对象的状态以及状态的改变。而活动图除突出了描述对象的状态外,更突出了它的活动。

在 UML 中,活动图里的活动用圆角矩形表示,看上去更接近椭圆形,一个活动结束自动引发下一个活动,两个活动之间用带箭头的实线连接。连线的箭头指向下一个活动,和状态图相同,活动图的起点可以用实心圆表示,终点用半实心圆表示。状态图中可以包括判定、分叉和联结,如图 2-8 所示。

图 2-8 是售票处的活动图,它表示上演一个剧目所要进行的活动。箭头说明活动间的顺序依赖关系。例如,在规划进度前,首先要选择演出的剧目,加粗的横线表示分叉和控制。安排好整个剧目的进度后,可以进行宣传报道、购买剧本、雇佣演员、准备道具、设计照明、加工戏服等。所有这些活动都要同时进行,在彩排之前,剧本和演员必须已经准备好。

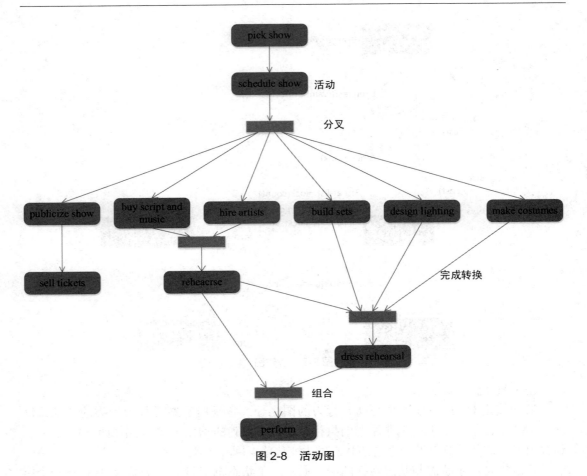

图 2-8　活动图

这个实例说明了活动图的用途是对人类组织的现实世界中的工作流程建模。对事务建模是活动图的主要用途之一。当活动图对软件系统中的活动建模时,活动图有助于理解系统高层活动的执行行为,而不涉及建立协作图所必须有的消息传送细节。

①动作状态。

活动图保证动作状态和活动状态,对象的动作状态是活动图最小单位的构造块,表示原子动作。在 UML 中,动作状态是为执行指定动作,并在此动作完成后通过完成变迁转向另一个障碍而设置的状态。这里所指出的动作有 3 个特点:原子性的,即不能被分解成更小的部分;不可中断的,即一开始就必须运行到结束;瞬时的,即动作状态所占用的处理时间通常是极短的甚至是可以被忽略的。

动作状态表示状态的入口动作,入口动作是在状态被激活的时候执行的动作,在活动状态机中,动作状态所对应的动作就是此状态的入口动作。

在 UML 中,动作状态是用带圆端的方框表示。动作状态所表达的动作就写在圆端方框内,建模人员可以使用文本来描述动作,它应该是动词或者是动词短语。因为动作状态表示某些行为,如图 2-9 所示。

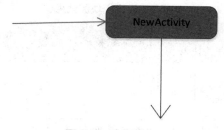

图 2-9　动作状态

动作状态是一定具有入口动作和至少一条引出的 UML 符号。

②活动状态。

对象的活动状态可以被理解成一个组合,它的控制流由其他活动状态或动作来组成。因此活动状态的特点是:它可以被分解成其他活动或动作状态,且能够被中断。

活动状态内部的活动可以用另一个状态机描述。从程序设计的角度来理解,活动状态是软件对象实现过程中的一个子过程。如果某活动状态是只包括一个动作的活动状态,那它就是动作状态,因此动作状态是活动状态的一个特例。

在 UML 中,动作状态和活动状态的图标没有什么区别,都是圆端方框,只是活动状态可以有附加的部分,如可以指定入口动作、出口动作、状态动作以及内嵌状态机。

技能点三　详细设计

1. 详细设计任务

详细设计是由软件工程师通过概要设计说明书对具体模块的接口、功能、内部实现逻辑等内容,选择某一个具体的编程语言进行分析,然后使用编码实现模块或功能的过程。

软件在详细设计阶段的主要任务如下。

①确定模块算法,为每一个模块确定采用的算法,选择合适的工具表达算法的过程,写出模块的详细过程性描述。

②确定模块使用的数据结构。

③确定相关的接口,包括对系统外部的接口和用户界面、对系统内部其他模块的接口以及模块输入数据、输出数据及局部数据的全部细节。

④详细设计结束时,需要把上述几项的结构写入详细设计说明书中,并通过复审形成正式文件,为下一阶段也就是编码阶段提供依据。

⑤为每个模块设计一组测试用例,以便在编码阶段对模块代码进行预定的测试,模块的测试用例是软件测试计划的重要组成部分,通常包含输入数据、期望输出的数据等,登录模块的测试用例如表 2-2 所示。

表 2-2　登录模块测试用例

测试用例编号	测试项目	测试标题	重要级别	预置条件	输入	执行步骤	预期输出
TestDemo1	登录功能测试	正常进入登录页面	高	无	无	在浏览器地址栏输入网址,或点击超链接地址	进入登录页面
TestDemo2	登录功能测试	正常退出登录页面	高	登录页面正常加载	无	点击浏览器关闭按钮	退出登录页面
TestDemo3	登录功能测试	合法用户登录	高	登录页面正常加载,存在正确的任务 ID、用户名、密码、验证码	①任务 ID:2;②用户名:test;③密码:123456;④验证码:与系统提示完全一致	输入以上数据,点击"登录"按钮	进入系统主页面
TestDemo4	登录功能测试	合法用户,按"Enter"键登录	高	登录页面正常加载,存在正确的任务 ID、用户名、密码、验证码	①任务 ID:2;②用户名:test;③密码:123456;④验证码:与系统提示完全一致	输入以上数据,按"Enter"键	进入系统主页面
TestDemo5	登录功能测试	任务 ID 为空,能否登录	高	登录页面正常加载,存在正确的任务 ID、用户名、密码、验证码	①任务 ID:2;②用户名:test;③密码:123456;④验证码:与系统提示完全一致	输入以上数据,点击"登录"按钮	提示:请输入任务 ID

2. 详细设计的原则

在对项目进行详细设计过程中,需要遵守以下原则。

①模块的逻辑描述要清晰易读、正确可靠。

②采用结构化设计方法,改善控制结构,降低程序的复杂程度,提高程序的可读性、可测试性和可维护性。

③少使用 goto 语句,保证程序结构的独立性。

④使用单入口单出口的控制结构,确保程序的静态结构和动态执行情况一致,保证程序易理解。

⑤控制结构采用顺序、选择和循环 3 种。

⑥用自顶向下逐步求精的方法进行程序设计。

⑦经典的控制结构有顺序、if then else 分支、do...while 循环、case、do...until 循环。

⑧选择恰当的描述工具来描述各模块算法。

3. 程序流程图

程序流程图又称程序框图,是独立于任何一种程序的设计语言,能够比较直观和清晰地描述程序的控制流程,易于学习掌握。在软件设计过程中,程序流程图至今仍是软件开发者最普遍采用的一种工具。

程序流程图中主要符号有处理、流程线、判断、输入输出、注解等,如图 2-10 所示。

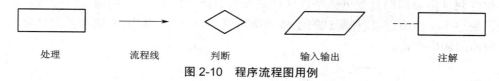

图 2-10　程序流程图用例

程序流程图包括 5 种基本控制结构,具体如图 2-11 所示。

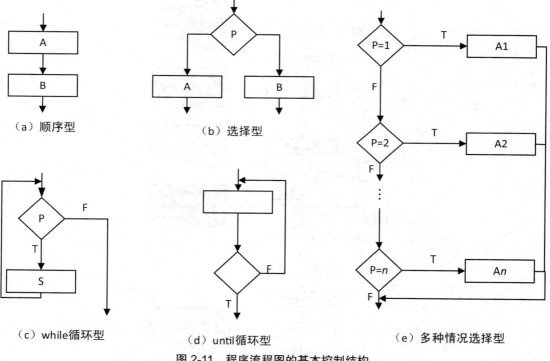

图 2-11　程序流程图的基本控制结构

①顺序型:是由几个连续的处理步骤依次排列构成。

②选择型:是由某个逻辑判断式的取值决定执行两个处理中的一个。

③ while 循环型:是先判定循环是否成立,当循环控制条件成立时,重复执行特定的处理。

④ until 循环型:是后判定循环,重复执行某些特定的处理,直到控制条件不成立为止。

⑤多种情况选择型:是根据控制变量的取值,选择不同的控制结构。

技能点四　软件测试生命周期

　　软件测试生命周期是规范整个软件测试过程的指导性纲要,它给出了一个项目从开始到结束的整个工作流程,软件测试的生命周期如图 2-12 所示,其中,右侧灰色部分是每项工作完成后的输出产物。

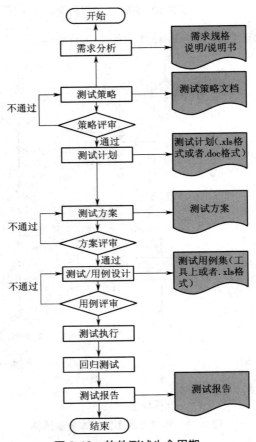

图 2-12　软件测试生命周期

　　(1)需求分析

　　可以通过软件开发需求规格说明书中获取软件测试需求,明确测试对象与范围,了解用户具体的需求。

　　(2)测试策略

　　测试策略是指测试过程中对功能测试、性能测试等一系列测试的要求,在测试策略过程中产生的文档一般在测试方案中编写,该文档使用 word 进行编写。

（3）测试计划

根据需求规格说明书、测试需求来编写测试计划，测试计划需要对测试全过程的组织、资源、原则等进行相关的规定和约束，并制定测试全过程中各个阶段的任务以及时间进度安排，提出对各项任务的评估、风险分析、需求管理等。根据测试阶段的不同，编写相关的测试计划，用来指导和监督测试过程。在测试计划过程中，输出的文件一般为测试计划，该文件一般使用 excel 表格进行呈现，也可以使用 word，无论哪种格式，都需要在文档中以表格的方式进行呈现。

（4）测试方案

测试方案是根据测试计划描述需要测试的特性、测试的方法、测试环境的规划、测试工具的设计和选择、测试用例的设计方法和测试代码的设计方案，一般情况下由对需求很熟悉的资深测试工程师设计。编写完成之后需要进行组内评审，评审通过之后开始进行下一步的测试用例编写和测试，如果未通过，则需要重新编写，直到审核通过为止。

（5）测试用例设计

测试用例主要是根据各个功能模块进行测试点分析，提取测试点，再对测试点用例进行详细的编写。在编写过程中，测试人员需要对整个系统需求有详细的理解，测试用例需要包含测试项、用户级别、预置条件、操作步骤和预期效果等。在这个过程中，操作步骤和预期效果需要详细编写，测试用例应覆盖测试方案，同时测试方案包含测试需求点，这样才能保证需求不被遗漏。一般情况下输出测试用例集。

（6）测试执行

测试执行是指执行测试用例。在执行过程中需要及时提交有质量的 Bug 信息和测试日报，及时更新测试用例状态。通过则标注通过，失败则标注失败，并且在缺陷管理工具上创建 Bug，挂起说明原因。

（7）回归测试

回归测试是指对于测试执行过程中提交的 Bug 及相关的模块做回归测试，通过后关闭 Bug，不通过则继续修复 Bug，直至通过为止。

回归测试的过程描述：开发人员修改完 Bug 后会返回给测试人员，测试人员需要对 Bug 以及 Bug 相关模块做回归测试。回归测试通过后关闭 Bug，不通过则返回，让开发人员重新修改，直到测试通过为止。

（8）测试报告

测试报告是指把测试的过程和结果写成文档，对发现的问题和缺陷进行分析，为纠正软件存在的质量问题提供依据，同时为软件验收和交付打下基础。最终测试完成时要求所有测试用例是通过和已挂起的，所有 Bug 是已关闭和已挂起两种状态。

本任务是实现对图书管理系统建立相关的静态视图和动态视图。

已知内容：整个图书管理系统的类目众多，这里我们只用读者、借阅信息和预留信息等来说明对象图的建立过程。

读者类的基本信息包括：名字、邮编、地址、城市、省份、借书和预留书籍。

书籍类的基本信息包括：书名、作者、序列号和类型。

该系统中有两个参与者，分别是借阅者（Borrower）和图书馆管理员（Admin）。先从借阅者这个角度看用例，可以发现如下用例：

借出书目（Lend Item）；

返回书目（Return Item）。

从管理员角度可以发现如下用例：

增加标题（Add Title）；

更新或删除标题（Update or Remove Title）；

增加书目（Add Item）；

删除书目（Remove Item）；

增加借书者（Add Borrower）；

更新或删除借者书（Update or Remove Borrower）。

第一步：使用 Rational Rose XDE 绘制类图。

①从开始菜单打开"Rational Rose Enterprise Edition"，弹出如图 2-13 所示的对话框。

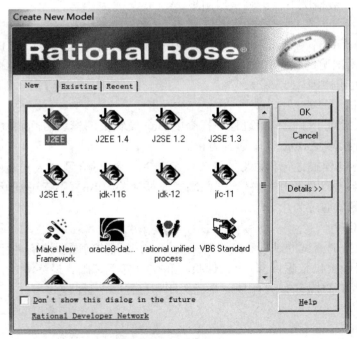

图 2-13　新建模型窗口

②在对话框中选择"J2EE"，点击"OK"按钮，可以看到如图 2-14 所示的界面。

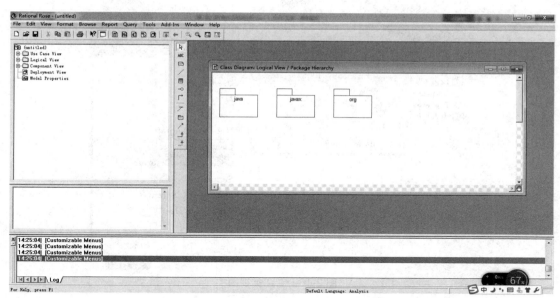

图 2-14　主界面

③选择菜单"File"|"Save As",弹出"Save As"对话框,输入文件名称,点击"保存"按钮,如图 2-15 所示。

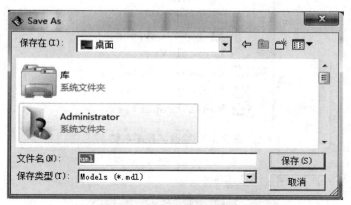

图 2-15　保存对话框

④右键单击主界面中的"Use Case View",选择"New"|"Class Diagram",如图 2-16所示。

⑤将"NewDiagram"名称修改为"Test"(图 2-17)。

⑥双击类视图"Test",在右边会开启一个新的类视图工作区。然后在工具箱中选择"目"并将其拖到工作区,创建一个类,如图 2-18 所示。

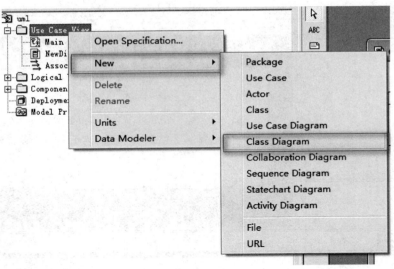

图 2-16　新建类视图

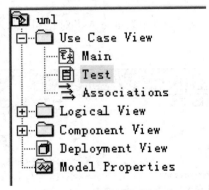

图 2-17　修改类视图名称

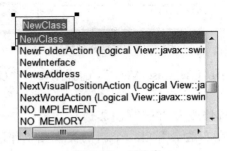

图 2-18　创建类

⑦把 NewClass1 的名字改成 BrowserInformation，然后双击并添加方法 getBrowerInfor-mation()，添加方法对话框如图 2-19。

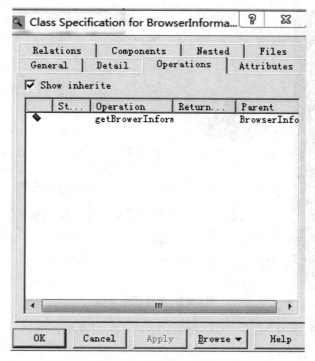

图 2-19 添加类的方法

⑧用同样的方法创建 Persistent 类,然后单击工具栏上的" ⬚ "图标,接着点击 Persistent 类,并延伸到 BrowserInformation,表明相互继承的关系,如图 2-20 所示。

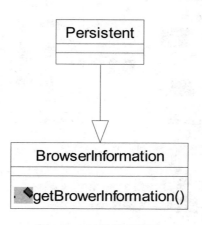

图 2-20 继承关系类图

第二步:使用 Microsoft Visio 2013 绘制类图。

①从开始菜单打开"Microsoft Visio 2013",弹出如图 2-21 所示的对话框。

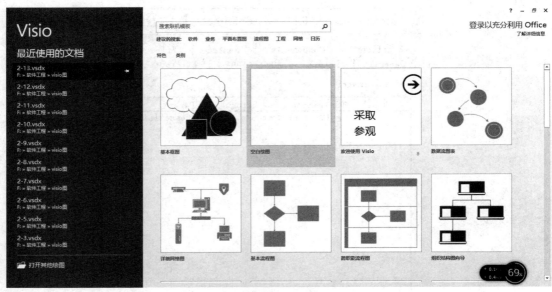

图 2-21　新建模型窗口

②在搜索栏中搜索"UML"，出现如图 2-22 所示的对话框。

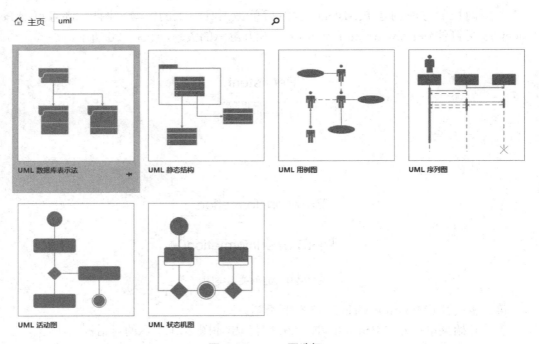

图 2-22　UML 图选择

③点击"UML 静态结构"出现如图 2-23 所示的对话框。

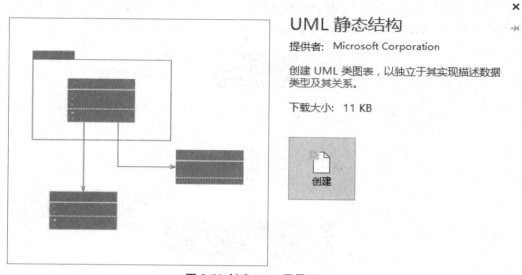

图 2-23 创建 UML 图界面

④点击"创建",看到如图 2-24 所示的界面。

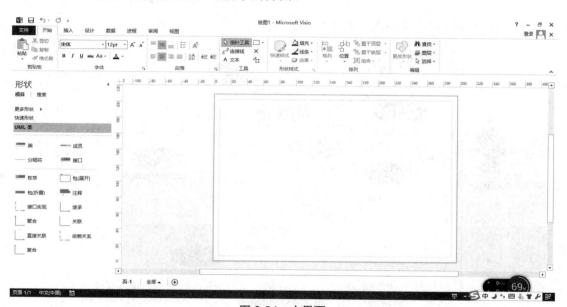

图 2-24　主界面

⑤开始制作类图,把左边的类拖到右边,如图 2-25 所示。

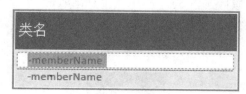

图 2-25　新建类图

⑥双击类名并将其更改为 BrowerInformation,用同样的方法创建 Persistent 类。然后单击左边工具栏中的继承图标,这时两个类实现了继承,如图 2-26 所示。

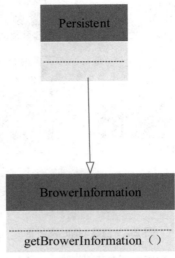

图 2-26　继承关系类图

第三步:使用 visio 绘制用例图,如图 2-27 所示。

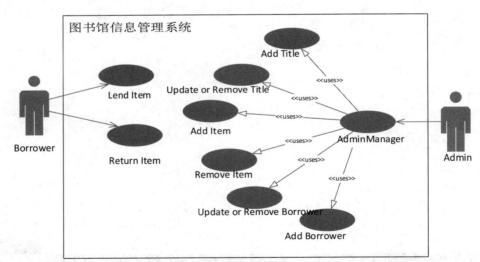

图 2-27　用例图

第四步:使用 visio 画活动图。

①用户首先要登录图书管理系统,先画出如下登录活动,如图 2-28 所示。

图 2-28　登录活动

②在登录以后，用户可以进行图书管理、查找书籍、添加或删除图书操作，所以我们需要一个同步，在同步下面再添加这些活动点，如图 2-29 所示。

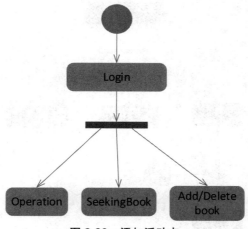

图 2-29　添加活动点

③在 Operation 后面，要根据借阅者的需求进行借阅或归还动作，这时就需要一个判断来确定图书的状态，如果该书的状态为"有"，那么可以借阅，如果是没有，那么表示未归还，效果图如图 2-30 所示。

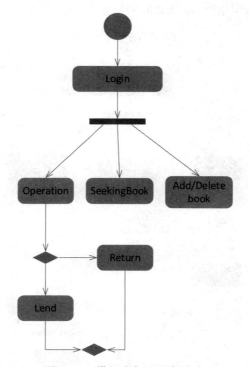

图 2-30　借阅或归还图书活动

④连接所有可能的活动图，如图 2-31 所示。

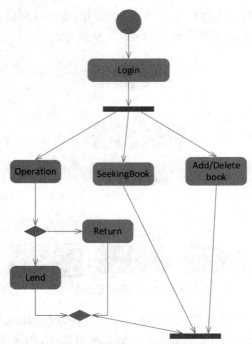

图 2-31 连接所有可能的活动图

⑤最后一个活动是关闭系统,最终的活动图如图 2-32 所示。

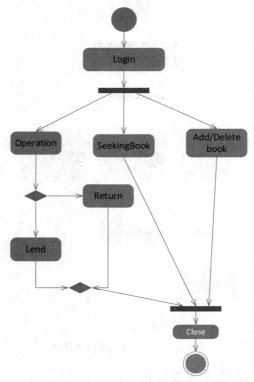

图 2-32 完整的图书管理系统活动图

通过对本项目的学习,能够了解软件需求、软件概要设计、详细设计和软件测试生命周期中相关的概念,能够在软件开发过程中的不同任务阶段编写对应的文档,能够掌握软件测试过程中软件测试需要的文档及输出的文档,并使用 visio 绘制相关的图形。

一、填空题

1. 软件需求包含多个层次的需求,比如 _____、_____、_____。

2._____ 指的是产品具备的属性或品质,通常情况下,包括可用性、可修改、安全性、可测试性、易用性等内容。

3._____ 是指软件在使用过程中的一些限制条件、补充规约等内容,通常是对解决方案的一些约束说明。软件质量保证和软件测试是 _____ 的两个不同层面的工作。

4. 高质量需求分析特征具有 _____、_____、_____、_____。

5._____ 是规范整个软件测试过程的指导性纲要,它给出了一个项目从开始到结束的整个工作流程。

二、简答题

1. 简述在需求分析阶段,划分模块的一般步骤。

2. 简述详细设计的原则。

项目三　软件测试的管理

　　通过本项目的学习,了解测试计划的目标,重点学习测试计划中人物、事件、地点的明确定义方式,明确团队之间的相互责任,具有独立完成测试计划模版并填写的能力。在学习过程中:

● 了解测试计划的内容。

● 掌握测试计划的编写方式。

● 掌握测试计划阶段的人物关系。

● 掌握测试计划的主要任务。

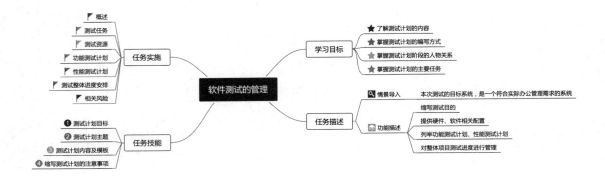

【情境导入】

　　本次测试的目标系统,是一个符合实际办公管理需求的系统。它通过计算机软件,提高资产管理的准确性,方便查询和维护,提高工作效率,对事业单位及企业的资产信息进行精确的维护,提高工作质量和效率。

【功能描述】

- 编写测试目的。
- 提供硬件、软件相关配置。
- 列举功能测试计划、性能测试计划。
- 对整体项目测试进度进行管理。

技能点一　测试计划目标

　　在软件测试过程中,指定软件测试计划是软件测试人员与产品开发小组之间交流的主要途径。在这个过程中,如果程序员只编写代码而不是说明代码的功能以及如何执行,那执行测试的任务就非常困难了。除此之外,如果测试人员之间对准备测试的对象、需要的资源、进度的安排等情况不沟通,整个项目就较难成功。

　　IEEE826—1998 中将软件测试计划描述为"一个叙述了预定的测试活动的范围、途径、资源及进度安排的文档。它确定了测试项、被测特征、测试任务、人员安排以及任何偶发事件的风险"。

　　根据 IEEE 标准可知,在软件测试过程中要认真对待测试计划。测试计划只是创建详细计划中的一个子产品,最重要的是计划过程。

　　在设定测试目标时,需要遵守以下原则。

　　①测试目标需要量化,目的是衡量目标是否能实现。

②每个测试目标都需要有对应的评估标准,标准越具体,测试人员就越容易完成该目标。

③需要对测试目标设定优先级,可以参照高优先级、中优先级、低优先级的内容各占三分之一的内容。

软件测试的最终目标是对交流意图、期望以及将要执行的测试任务进行理解,如果项目组共同研究制定主题,确保所有人都了解测试小组的计划,最终就可以达到上述目标。

测试计划一般是由测试人员协助建立的,对测试人员来说需要了解测试计划中所包含的内容,以及测试计划需要的信息,通过这种方式,测试人员就可以利用自己掌握的信息组织测试任务了。

制订一个合理的计划,有助于管理者、测试人员及其他人员进行合理的工作分配。比如有助于管理者合理地进行宏观调控和相应的资源配置;有助于测试人员了解整个项目的测试情况及项目测试不同阶段所进行的工作。

技能点二　测试计划主题

如果没有测试计划模板,在软件测试过程中需要遵循一系列重要主题清单,该清单应该在这个项目组中被深入讨论并达成一致。需要注意的是清单并不适合所有的项目,只是列出了软件测试过程中一系列常见的并且与重要测试相关的问题。所以,清楚测试计划的主题比清楚清单更加实用。

1. 定义

在项目实施过程中,让项目组中的全部成员在高级期望和可靠性目标这两者上达成一致是一件很困难的事,而在测试计划过程中,就能够很好地达成一致,这和定义软件项目中的用词和术语是分不开的。

（1）软件缺陷定义

软件缺陷也就是程序员常说的 Bug。所谓软件缺陷,指计算机软件或者程序中存在某种破坏正常运行能力的问题、缺陷等,从而使项目不能够满足系统的要求。简而言之,软件缺陷从产品内部看,是软件产品开发或维护过程中存在的错误、毛病等问题;从产品外部看,缺陷是系统所需要实现某种功能的漏洞。

在软件测试过程中,软件缺陷一般包含以下几种情况。

①软件未实现产品说明书要求的功能。

②软件出现了产品说明书中指明不应该出现的错误。

③软件实现了产品说明书没有提到的功能。

④软件未实现产品说明书虽未明确指出但应该实现的功能。

（2）常用术语定义

术语定义取决于具体项目、开发小组遵循的开发模式,以及小组成员的经验。下面为几个常用的术语。

软件测试:是指根据软件开发各阶段的规格说明和程序的内部结构而设计的一批测试

用例,并根据这些测试用例运行软件。

测试计划:根据软件测试对象、目标、要求、活动、资源和日程进行整体规划,以保证软件系统的测试能够顺利进行的计划性文档。

测试对象:指特定环境下运行的软件系统和相关的文档。

测试发布文档:程序员发布的文档,对每一个构造都声明新特性、不同特性、修复问题和准备测试的内容。

构造:程序员将需要测试的代码和内容放在一起,测试计划中需要定义构造的评估和期望的质量等级。

2. 人、事和地点

测试计划需要明确项目需要的人员、人员的分配以及所有成员的联系方式。一个完整的项目都是从想法到实施之后成型的,每个阶段都需要各小组成员之间的紧密配合,有效的交流方式能够提高整个项目的实现效率。所以在测试计划中需要包含所有成员的详细信息,比如姓名、职务、电话、邮箱、职责范围等内容。

测试计划中需要明确文档存放的位置,如软件的下载地址、测试工具的下载地址等,如果涉及硬件方面的测试,也需要把硬件的获取方式和放置位置明确。

3. 团队之间的责任

在软件开发过程中,除了项目经理外,还会有开发团队和测试团队以及后期的实施维护团队等,在开发阶段,明确每个团队的任务可以使项目的测试工作和交付内容能够按时完成,测试小组的工作由其他功能团队驱动。

开发团队在软件测试阶段的主要任务如下。

①在开发时,需要对软件的特征完成单元测试。

②需要为测试团队准备好部署的项目以便测试人员顺利测试。

③在待测试模块交给测试团队之前需要自己进行集成测试。

④在测试人员需要帮忙时,能够帮助其评估测试结果并辨别缺陷,以确保提交到缺陷追踪系统的报告的准确性。

⑤顺利修复测试人员提交的缺陷追踪系统的缺陷。

⑥对缺陷追踪系统中的缺陷进行修正说明,改变模块的状态。

⑦对修正的文件进行说明。

测试团队在软件测试阶段的主要任务如下。

①运行计划测试,将非正常的结果以缺陷报告的形式录入缺陷追踪系统。

②帮助开发团队发现缺陷。

③对修复过的缺陷进行复查。

④提交测试进程和缺陷状态报告。

⑤在系统测试阶段结束时能够准备出一份测试结果报告,其作用是说明测试退出标准是否达成。

在测试过程中,一些任务可能会涉及多个责任者,一些任务可能没有责任者,或者由多人负责。这时可以通过指定表格来交流计划,具体如表 3-1 所示。

表 3-1　测试人员分配表

任务	项目经理	程序员	测试员	技术文档作者	营销人员	产品支持
编写产品版本声明	○				●	
创建产品组成部分清单	●					
创建合同	●				○	
产品设计 / 功能划分	●			○		
项目总体进度	●	○				
制作与维护产品说明书	●					
审查产品说明书	○	○	○	○	○	○
内部产品的体系结构	○	●				
设计和编写代码		●				
编写测试计划			●			
审查测试计划	○	○	●	○	○	○
单元测试		●				
总体测试			●			
创建配置清单		○	●		○	○
配置测试			●			
定义性能基准	●		○			
运行基准测试			●	●		
内容测试			○			
来自其他团队的测试代码			○			
自动化维护构建过程		●				
磁盘构建 / 复制		●				
磁盘质量保障			●			
创建 beta 测试清单					●	○
管理 beta 程序	○		○		●	○
审查印刷的资料	○	○	○	●	○	○
定义演示版本	○				●	
生成演示版本	○				●	
测试演示版本			●			
缺陷会议	●	○	○		○	○

说明：●表示任务的责任者；○表示任务的参与者；空白部分表示不负责该任务。

　　一般情况下，小组中经验丰富的成员可以先大致浏览一遍清单，之后根据具体项目以及团队之间的关系,补充被忽略的任务。

4. 测试的阶段

在计划测试阶段,测试小组分析预定的开发模式,从而决定在项目测试期间是采用一个测试阶段还是多阶段测试。在边写边改的模式中,可能只有一个测试阶段,测试人员在这个阶段要不断测试直到某个成员宣布停止测试。

软件测试分为多种测试,比如单元测试、集成测试、系统测试、验收测试等。

单元测试:对每个单元进行相关的测试,以确保每个模块都能够正常工作。

集成测试:对通过单元测试的模块进行组装,进行集成测试,集成测试的目的在于检测与软件设计相关的程序结构问题。

系统测试:对系统产品进行检查,检验产品和系统其他部分能否顺利地相互协调工作。

验收测试:是软件测试中检验软件产品的最后一个工序,确定软件是否达到上线的要求。

测试小组在进行各阶段测试时,需要明确对应的测试任务,并协调开发人员,以便更好地完成测试。

5. 测试策略

测试策略主要描述测试小组用来测试整体和每个阶段的方法。确定软件测试的策略是一项比较重要的工作,需要对产品进行详细的分析,决定使用哪种测试方法,从而确定对应的策略。

单元测试阶段可以选择的策略有自顶向下的单元测试和自底向上的单元测试,或者是孤立单元测试策略。

集成测试阶段可以选择大爆炸集成测试、自顶向下集成测试、自底向上集成测试、基于进度的集成测试。

系统测试阶段可以选择数据与数据库完整性测试、功能测试、用户界面测试、性能测试、负载测试、容量测试等,并需要制定合理的测试策略。

除此之外,有些代码可以采用手工测试,有些代码用自动化软件测试会比较好,在测试工具方面,可以选择自己开发也可以买已有的商用解决方案。

技能点三　　测试计划内容及模板

1. 测试计划模板

不同的团队在指定测试计划时,内容不尽相同,但整体都是从技术和管理两个方面对测试进行规划的。

技术方面:主要体现在开展什么样的测试、使用什么样的策略和方法、使用什么样的测试工具进行验证和描述。

管理方面:主要是对人力和非人力相关资源等方面进行规划,比如如何组织本次测试、需要哪些人力和相关的资源、测试进度怎么定义、项目如何启动和结束等内容。

在编写软件测试计划过程中,需要包含以下内容。

（1）基本说明

①被测对象（产品名，版本号，终端用户等）。

②术语与缩略语。

③参考资料。

（2）测试范围及策略

①功能性测试需求以及测试方法和途径。

②非功能测试需求以及测试方法和途径。

③测试优先级和重点。

④实施的测试阶段。

（3）测试环境和工具分析

①软件实际环境。

②软件测试环境以及与实际环境的差异分析。

③测试非人力资源：计算机、工具等。

④自动化测试分析（解决什么问题、成本是多少、能提高多少效率）。

⑤测试数据。

（4）测试的出入口、暂停标准

①测试开始标准。

②测试中止标准。

③测试完成标准。

（5）测试人员要求

①技能和经验要求。

②人力资源数量以及介入时间。

③需要的支持和培训。

（6）测试管理

①内外部角色和职责。

②工作汇报要求。

③缺陷管理。

④测试执行管理。

⑤测试用例管理。

⑥变更管理。

（7）任务划分以及进度计划

①里程碑。

②任务分解及时间人员安排（可以用 Office Project）。

（8）风险和应急分析

①预测测试中的风险。

②给出对各种风险的规避和应急措施。

2. 测试计划的主要任务

一个项目的需求基本确定后，需要根据公司项目的流程制订测试计划。测试计划就是在软件测试工作正式实施前明确测试对象，一个好的测试计划包含以下主要任务。

①根据测试策略,选定测试计划包含的测试范围。

②划分测试阶段,明确测试方法,确定测试任务。

在确定任务过程中,需要根据本阶段的测试需求,细化测试任务,之后根据任务的先后顺序,列出任务的优先级,并说明和主要任务之间的关系,最终形成工作任务分解图,也就是WBS或者任务分配列表。

WBS 是 Word Breakdown Structure 的简称,理解为工作分解结构,主要是围绕完成最终交付物所必须要做的工作内容进行展开的,其原理是层次越高工作项越粗,层次越低工作项越细,最低层叫工作包。在这个过程中,工作包的完成时间应当不超过 80 小时,某项目的WBS 分解图如图 3-1 所示。

任务名称	工期	开始时间	完成时间	资源名称
测试需求分析和测试准备	**2 个工作日**	**2011年11月21日**	**2011年11月22日**	
学习软件需求并记录需求问题	1 个工作日	2011年11月21日	2011年11月21日	林**,吴**,张**,钟**
分析测试需求,讨论需求的测试要点	1 个工作日	2011年11月22日	2011年11月22日	林**,吴**,张**,钟**
讨论模块分工	1 个工作日	2011年11月22日	2011年11月22日	林**,吴**,张**,钟**
准备测试环境	1 个工作日	2011年11月22日	2011年11月22日	钟**
确定测试方案	**3 个工作日**	**2011年11月23日**	**2011年11月25日**	
编写测试方案	2 个工作日	2011年11月23日	2011年11月24日	林**
评审测试方案	1 个工作日	2011年11月25日	2011年11月25日	林**
▷ **编写测试用例,准备测试数据**	**4 个工作日**	**2011年11月23日**	**2011年11月28日**	
▷ **第一轮功能测试**	**4 个工作日**	**2011年11月29日**	**2011年12月2日**	
▷ **兼容性测试和综合测试**	**2 个工作日**	**2011和12月5日**	**2011年12月6日**	
▲ **交叉测试和回归测试**	**2 个工作日**	**2011年12月7日**	**2011年12月8日**	
回归测试已解决的Bug(按分工模块)	1 个工作日	2011年12月7日	2011年12月7日	林**,吴**,张**,钟**
自由交叉测试	1 个工作日	2011年12月8日	2011年12月8日	林**,吴**,张**,钟**
▲ **测试总结**	**1 个工作日**	**2011年12月9日**	**2011年12月9日**	
完成测试总结报告	1 个工作日	2011年12月9日	2011年12月9日	林**
经验总结,文档备案	1 个工作日	2011年12月9日	2011年12月9日	林**,吴**,张**,钟**

图 3-1　WBS 分解图

通过上图所知,该项目分为测试需求分析和测试准备阶段、确定测试方案阶段、编写测试用例和准备测试数据阶段、功能测试阶段、兼容性测试和综合测试阶段、交叉测试和回归测试阶段等,且每个阶段又细分了多个任务。

任务分配列表是以表格的形式列出项目在执行过程中所对应的内容,某项目测试任务分配列表的模板如表 3-2 所示。

表 3-2　测试任务分配列表

测试活动	工作量评估	计划开始日期	计划结束日期	负责人	工作要点	产出
制订测试计划						
设计测试						
集成测试						
系统测试						
性能测试						

测试活动	工作量评估	计划开始日期	计划结束日期	负责人	工作要点	产出
安装测试						
用户验收测试						
对测试进行评估						
项目总结						

（1）确定测试过程监控方法

在项目实际开展过程中，可以采取多种手段对测试工作进行监控。一般采用问询和查阅相结合的手段，在这个过程中需要对关键点进行抽样审核，并询问不同的人员进行核实。在监控过程中，一般会经历六个阶段，如图3-2所示。

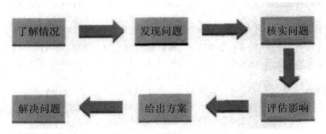

图3-2 监测阶段

第一阶段：了解情况，根据自己的经验，问询项目组的相关人员，看项目的测试过程是否符合软件测试的规范。

第二阶段：发现问题，通过问询记录发现的问题。

第三阶段：核实问题，通过询问不同的项目组成员或查阅文档，核实发现的问题。

第四阶段：评估影响，根据发现的问题，评估每个问题的影响和风险，并列出优先级。

第五阶段：给出方案，针对发现的问题，给出可行的方案，但这个方案不一定是解决方案。

第六阶段：解决问题，跟踪可行方案，验证问题是否能够根据已有的方案解决问题。

（2）评估测试工作量

在实际项目测试中，工作量评估会受到诸多因素的影响，比如开发的实现方案、开发的能力水平、测试范围的评估、测试类型的选择、测试的深度、质量要求等。就目前而言，没有任何一种方法能够准确地评估出软件测试工作的工作量，如果想有效地做出评估，需要对软件测试中相关的数据进行持之以恒的统计和分析。

（3）确定时间并生成进度计划

确定时间和项目进度，需要收集和项目进度相关的信息，比如总体工作量、人员数量、关键资源、项目时间安排等内容。通过各阶段任务安排和资源分配，能够确定项目里程碑性工作，根据项目总体时间安排，能够形成具体的进度计划。在这过程中一般使用"5W+1H"法进行分析。

美国政治学家拉斯维尔提出"5W 分析法"，后经过人们的不断运用和总结，逐步形成了一套成熟的"5W+1H"模式。

"5W+1H"就是对工作进行科学的分析，就其工作内容（What）、责任者（Who）、工作岗位（Where）、工作时间（When）、怎样操作（How）以及为何这样做（Why），进行书面描述，并按此描述进行操作，达到完成职务任务的目标。

What（做什么）：测试范围和内容。

Why（为什么做）：测试目的。

When（何时做）：测试时间。

Where（在哪里）：测试地点、文档和软件位置。

Who（谁做）：测试人力资源。

How（怎么做）：测试方法和工具。

在测试需求分析阶段确定 What 和 Why，在测试计划阶段确定 When，Where，Who，How。使用"5W+1H"法制订软件测试计划如图 3-3 所示。

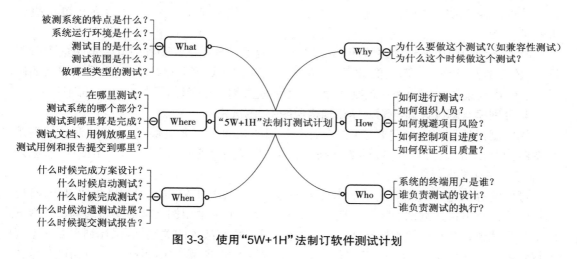

图 3-3　使用"5W+1H"法制订软件测试计划

技能点四　编写测试计划的注意事项

软件测试是一项有计划、有组织和有系统的软件质量保证活动，不是一个松散的、随意的实施过程，为了软件测试能够顺利进行，需要规范软件测试的内容、方法以及过程，制订合理且规范的软件测试计划。

在编写测试计划时，需要考虑测试中经常出现的不可控因素，会导致无法精确估计测试时间，所以只需要大概估计不同模块需要的测试时间，简单地把计划内容控制在一页纸即可。等所有的准备工作都进行完毕，就可以进行具体的测试工作了。

做好软件的测试计划并非易事，需要综合考虑各种影响测试工作的因素。为了做好软件测试计划，需要注意以下几个方面。

1. 明确测试的目标,增强测试计划的实用性

软件的功能在不断变化,需求也越来越多,软件测试的内容也千变万化,在软件测试中提炼出准确的测试目标,是制订软件测试计划时首先要明确的问题。因此软件测试计划的价值取决于它是否能够有效地帮助管理测试项目和找出软件潜在的缺陷。另外,软件的功能需求必须被软件测试计划中的测试范围高度覆盖,测试方法必须切实可行,测试工具必须具备较高的实用性,且生成的测试结果要直观、准确地反映软件的质量要求以及测试最终所要达到的目标。

2. 坚持"5W+1H"规则,明确内容与过程

为了使"5W+1H"规则具体化,需要准确无误地理解被测软件的功能特征、所应用行业的相关知识以及软件测试技术,在需要测试的内容里突出关键部分,针对测试过程中的阶段划分、文档管理、缺陷管理、进度管理给出切实可行的方法。

3. 采用评审和更新机制,保证测试计划满足实际需求

如果没有经过评审,测试计划的内容有可能会不准确或遗漏某些测试内容。如果软件需求变更引起测试范围增减,而测试计划的内容没有得到及时更新,就会误导测试执行人员。

测试计划的内容包含很多方面,编写人员可能受自身测试经验和对软件需求的理解所限,且软件的开发是一个渐进的过程,最初编写的测试计划可能存在不完善、需要更新的问题,因此,需要采取相应的评审机制对测试计划的完整性、正确性、可行性进行详细评审。

4. 分别编写测试计划与测试详细规格说明书、测试用例

软件测试计划编写一定要避免"大而全"、篇幅长而没有突出重点,这样的测试计划既浪费时间又浪费人力。将详细的测试技术标准、测试用例等内容统一加入测试计划,就是"大而全"的常见表现。

最好的方法是将详细的测试技术标准编写到独立创建的测试详细规格说明书中,将用于指引测试小组执行测试的测试用例编写到独立创建的测试用例文档或测试用例管理数据库中。测试计划和测试技术标准、测试用例之间是战略和战术的关系,测试计划主要从宏观上规划测试活动的范围、方法和资源配置,而测试技术标准、测试用例都是完成测试任务的具体战术。

不同的产品类型使用的模板也不尽相同,根据对以上内容的学习,结合 OA 协同办公管理系统项目,编写其测试方案。在该测试方案中需体现编写目的、测试范围、项目背景、测试目的、测试资源、人员分配、功能测试、性能测试、进度安排以及风险测评等内容。该任务实施中给出测试资源、功能测试计划、性能测试计划几个模块的相关写法,详细文件见"附件二 OA 协同办公管理系统测试方案"。

一、测试资源

关于测试资源的设置可参照表 3-3 至表 3-5 所示。

表 3-3 硬件配置

关键项	数量	配置
测试 PC 机	5	2.0 GHZ 处理器，2 G 以上内存，显示器要求 1024*768 以上

表 3-4 软件配置

资源名称	配置
操作系统环境	Windows7、8、10
浏览器环境	Chrome、IE、Firefox
功能性测试工具	手工测试

表 3-5 人力资源分配表

角色	人员	主要职责
测试负责人	CS001	负责制订测试方案和计划以及测试过程中的工作协调，执行白盒测试，完成代码检查，提交缺陷报告，参与性能测试需求分析，录制脚本和设计场景，执行性能测试，编写性能测试报告。审核缺陷报告，编写测试总结报告。提交文件，整理现场
测试工程师	CS002	参与测试需求分析，编写测试用例，执行测试过程，提交缺陷报告，完成测试用例及缺陷报告汇总工作
测试工程师	CS003	参与测试需求分析，编写测试用例，执行测试过程，提交缺陷报告，辅助完成测试用例及缺陷报告汇总工作

二、功能测试

功能测试计划按照模块划分，将每个模块页面中需测试的功能以及测试人员进行说明，此处以登录、系统管理、用户管理、角色管理、考勤管理、流程管理、公告管理模块为例进行说明，如表 3-6 所示。

表 3-6 功能测试计划

需求编号	模块名称	子模块名称	功能名称	测试人员
XTBG-001	登录	登录	验证码切换、登录	CS001
XTBG-002	系统管理	类型管理	查找、新增、刷新、修改、查看、删除	CS001
XTBG-003		菜单管理	查找、新增、刷新、上移、下移、修改、删除	CS001
XTBG-004		状态管理	查找、新增、刷新、修改、查看、删除	CS001

需求编号	模块名称	子模块名称	功能名称	测试人员
XTBG-005	用户管理	部门管理	新增、修改、人事调动、删除	CS001
XTBG-006		在线用户	查找、打印	CS001
XTBG-007		职位管理	新增、修改	CS001
XTBG-008		用户管理	查找、新增、修改、删除	CS001
XTBG-009	角色管理	角色列表	新增、设定、修改、删除	CS001
XTBG-010	考勤管理	考勤管理	刷新、修改、删除、翻页	CS001
XTBG-011		考勤周报表	查找、翻页	CS001
XTBG-012		考勤月报表	查找、翻页	CS001
XTBG-013		考勤列表	刷新、查找、翻页	CS001
XTBG-014	流程管理	新建流程	申请分类	CS001
XTBG-015		我的申请	刷新、查看、查找、翻页	CS001
XTBG-016		流程审核	刷新、查找、审核、查看、翻页	CS001
XTBG-017	公告管理	通知管理	新增、刷新、查找、修改、查看、删除、链接、翻页	CS001
XTBG-018		通知列表	刷新、查找、查看、转发、删除、翻页、链接	CS001

三、性能测试

性能测试体现在当某个功能同时被多个用户使用时对其并发性的测试,此处以各模块可能产生的场景为例进行说明,如表 3-7 所示至表 3-8。

表 3-7　性能测试

测试内容	测试脚本	描述
登录		录制平台用户登录平台业务脚本并在脚本中插入集合点。实现并发登录操作
创建角色		录制平台用户创建角色脚本并在脚本中插入集合点。实现并发角色创建操作
设定权限		录制平台用户登录平台为角色设定权限脚本并在脚本中插入集合点。实现并发权限设定操作
考勤管理		录制平台用户登记考勤记录脚本并在脚本中插入集合点。实现并发考勤记录操作
申请提交审批		录制平台用户提交工作申请脚本并在脚本中插入集合点。实现并发申请提交、审批操作
任务发布		录制平台用户发布工作任务脚本并在脚本中插入集合点。实现并发任务发布操作

续表

测试内容	测试脚本	描述
文件上传		录制平台用户文件上传脚本并在脚本中插入集合点。实现并发文件上传操作
通讯方式添加		录制平台用户添加通讯方式脚本并在脚本中插入集合点。实现并发添加通讯方式操作
退出		录制平台用户退出平台业务脚本并在脚本中插入集合点。实现并发退出操作

表 3-8 性能测试

测试内容	虚拟用户数	用户初始化	持续时长	递增虚拟用户数	递增时长	递减虚拟用户数	递减时长
场景 1							
登录	50	加入前初始化	5 min	5	10 s	5	10 s
场景 2							
创建角色	50	加入前初始化	5 min	5	10 s	5	10 s
场景 3							
设定权限	50	加入前初始化	5 min	5	10 s	5	10 s
场景 4							
考勤管理	50	加入前初始化	5 min	5	10 s	5	10 s
场景 5							
申请提交审批	50	加入前初始化	5 min	5	10 s	5	10 s
场景 6							
任务发布	50	加入前初始化	5 min	5	10 s	5	10 s

场景 7							
测试内容	虚拟用户数	用户初始化	持续时长	递增虚拟用户数	递增时长	递减虚拟用户数	递减时长
文件上传	50	加入前初始化	5 min	5	10 s	5	10 s
场景 8							
测试内容	虚拟用户数	用户初始化	持续时长	递增虚拟用户数	递增时长	递减虚拟用户数	递减时长
通讯方式添加	50	加入前初始化	5 min	5	10 s	5	10 s
场景 9							
测试内容	虚拟用户数	用户初始化	持续时长	递增虚拟用户数	递增时长	递减虚拟用户数	递减时长
退出	50	加入前初始化	5 min	5	10 s	5	10 s

其整体进度是从需求分析、测试方案、测试用例、测试方式、第一次测试、性能测试、交叉自由测试、测试总结几个方面安排测试时间、测试需求以及提交文档的说明。

通过对本项目的学习,了解到软件测试管理的目的与目标,学习了软件测试过程中事件与人物关系的明确方式,明确了各人物之间的责任,并掌握了软件测试计划的编写方式以及在编写测试计划时需注意的事项等内容。

一、填空题

1._____指计算机软件或者程序中存在某种破坏正常运行能力的问题、缺陷等,从而使项目不能够满足系统的要求。

2._____指根据软件测试对象、目标、要求、活动、资源和日程进行整体规划,以保证软件系统的测试能够顺利进行的计划性文档。

3._____指通过对系统产品的检查,检验出产品和系统其他部分能否顺利地相互协调工作。

4. 集成测试阶段可以选择 _____、_____、_____、_____。

5. 根据 _____，可知软件测试过程中，需要认真对待测试计划，重点是创建详细计划中的一个子产品，最重要的就是计划过程。

二、简答题

1. 简述测试计划的主要任务。

2. 设定测试目标时，需要遵守什么原则？

项目四　黑盒测试

通过本项目的学习,了解黑盒测试的概念,掌握测试用例需满足的条件,重点学习黑盒测试的使用方法,具有使用黑盒测试对实际案例进行测试并得出结论的能力。在学习过程中:

● 了解黑盒测试的使用方式。

● 掌握等价类划分法。

● 掌握边界值分析法。

● 掌握正交实验设计法。

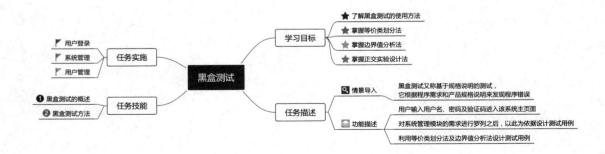

【情境导入】

在软件测试中,可将测试类型分为黑盒测试和白盒测试,其中黑盒测试又称基于规格说明的测试,它根据程序需求和产品规格说明来发现程序错误。一般测试初学者基本从黑盒测试开始,进而学习白盒测试知识。

【功能描述】

● 用户输入用户名、密码及验证码后进入该系统主页面。
● 对系统管理模块的需求进行罗列之后,以此为依据设计测试用例。
● 利用等价类划分法及边界值分析法设计测试用例。

技能点一　黑盒测试的概念

黑盒测试是不考虑内部结构和处理过程,根据软件说明书来检查是否符合预期要求的测试,一般用于对程序前端接口进行测试,也称为功能性测试。在软件测试过程中,测试人员不需要了解软件代码,只需要执行相关的程序,按照程序实现的步骤来进行测试即可。

黑盒测试可以抽象地理解为整个程序是一个黑盒子,测试人员看不到其内部的运行机制,只知道程序的输入和预期输出值。测试人员只检查程序功能是否按规格说明书的规定正常使用,与软件的实现过程无关,在软件实现过程发生变化时,测试用例仍可使用,如图4-1所示。

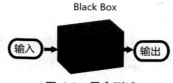

图 4-1　黑盒测试

黑盒测试的优点：

不需要了解程序的内部代码及实现情况；

从用户的角度测试，很容易被理解和接受；

测试效率要比白盒测试高。

黑盒测试的缺点：

代码覆盖率比较低；

不能对特定程序段进行测试，无法发现程序块中隐藏的错误；

没有清晰、简明的规格，测试用例很难设计。

技能点二　　黑盒测试方法

在使用黑盒测试过程中，一般出现的错误有：功能不正确或者没有完成接口和界面等的相应功能，数据结构和外部访问数据、初始化等错误。在使用黑盒测试的过程中，一般有多种方法，常用的有等价划分法、边界值分析法、因果图法、场景法、正交实验设计法、判定表驱动分析法等。

1．测试用例简介

在详细介绍黑盒测试的方法前，需要了解测试用例的基本概念以及设计要求。设计测试用例的作用是对软件测试行为进行组织归纳，其目的是将软件测试行为具体量化。

（1）测试用例概述

测试用例的本质是设计出一种情景，期待被测程序在此情境下可正常运行并达到预期效果。若被测程序在此情景下无法正常运行，且此类情况频繁发生，则证明被测试程序存在缺陷，即测试人员测出程序缺陷。

在测出缺陷后，测试人员必须对此类缺陷进行标记，并将其记录到问题跟踪系统内。测试工程师获取到新测试程序时，必须使用同一个测试用例对标记问题进行测试，确保问题已经修复且未引发新缺陷，即"复测"或"返测"。

设计测试用例与直接测试相比优点如下。

①在实施测试之前将测试用例设计完成可以避免盲目测试并提高测试效率。

②测试用例的使用可以使软件测试重点突出且目的明确。

③在软件版本更新后只需修改少量的测试用例便可开展测试工作，降低工作强度并缩短项目周期。

④测试用例的通用化和复用化使软件测试更易于开展，且随着测试用例的不断净化其效率也不断提高。

（2）测试用例需要满足的特性

测试用例需要满足以下四大特性。

①有效性：测试用例设计完成后，不同的测试人员采用相同的测试用例所获得的结果大体一致。准确的测试用例计划、执行和跟踪是测试有效性的有力保障。

②可复用性：良好的测试用例都具有可重复利用的特性，这使得测试过程事半功倍，因

此在设计测试用例时,需要考虑测试用例的可复用性。

③易组织性:正确的测试计划需要很好地组织项目中的测试用例,因为即使是小项目也会有几千甚至更多的测试用例。这些测试用例会在很长一段时间内被大量使用,只有组织好这些测试用例,才能供测试人员或其他项目人员更有效地参考和使用。

④可管理性:测试用例可作为检验测试人员进度、工作量及跟踪/管理测试人员工作的依据。

2. 等价类划分法

（1）等价类划分概念

等价类划分法是针对测试数据选择的一种方法。当对一个加法功能进行测试时,测试了 1+1、1+2、1+3 和 1+4 之后就没有必要继续测试之后的 1+5、1+6 等等了,因为测试时不能进行穷举测试,但是如果不进行测试就会有存在缺陷的可能,这时可以使用等价类划分法来解决这种问题。

使用等价类划分需要清楚其对应的划分原理,具体原理如下。

①将程序的输入域划分为 n 个部分,将每个部分中的少数具有代表性数据作为测试用例。

②每个部分的代表性数据在测试中的作用等价于这部分中的其他值,当在其中一部分代表性数据的例子中发现了错误,就等价于此部分中的其他例子也有同样的错误。

③ 如果在某部分的代表性数据的例子中没有发现错误,那么这个代表性数据所在部分的其他例子也不会有同样的错误。

（2）等价类划分法设计步骤

等价类可以依据数据的有效性分为:符合程序要求、合理且有意义的有效等价类与不符合程序要求、不合理且无意义的无效等价类。

在划分等价类时,不但要考虑有效等价类,还要考虑无效等价类,并需要遵守确定等价类的原则,正确地划分等价类可以极大地降低测试用例的数量,测试会更准确有效。确定等价类的原则如表 4-1 所示。

表 4-1　确定等价类的原则

输入条件限制	可确立的等价类
取值范围或值的个数	一个有效等价类和两个无效等价类
输入值和集合或者规定了"必须如何"的条件	一个有效等价类和一个无效等价类
一个布尔量	一个有效等价类和一个无效等价类
输入数据的一组值（假定 n 个）,并且程序要对每一个输入值分别处理	n 个有效等价类和一个无效等价类
输入数据必须遵守的规则	一个有效等价类（符合规则）和若干个无效等价类（从不同角度违反规则）
已划分的等价类中,各元素在程序处理中的方式不同	等价类进一步划分为更小的等价类

但是需要注意的是,在划分等价类时要认真分析、审查划分,过于粗略地划分可能会漏掉软件缺陷,如果错误地将两个不同的等价类当作一个等价类,则会遗漏测试情况。例如当一个程序的输入取值范围在 0 至 100 之间,若一个测试用例输入了数据 0.6,则在测试中很可能只能检测出数据为非整数的错误而忽略了数据不在取值范围内的错误。

(3)设计测试用例

确立了等价类之后,需要建立等价类表,列出所有划分的等价类,用以设计测试用例。基于等价类划分法的测试用例设计步骤如下。

①为每个等价类规定一个唯一的编号。

②设计一个新的测试用例,使其尽可能多地覆盖尚未覆盖的有效等价类。重复这一步,最后使得所有有效等价类均被测试用例所覆盖。

③设计一个新的测试用例,使其只覆盖一个无效等价类。重复这一步使所有无效等价类均被覆盖。

一个使用等价类划分法设计的测试用例表如表 4-2 所示。

表 4-2　测试用例表

测试用例编号	输入值	覆盖到的等价类编号	预期输出
DJL-test1	SendTest	1,2,3	GotTest

(4)等价类划分法处理微信提现问题

微信的提现方式有两种:快速到账(2 小时),每日最高提现额度为 10 000 元;普通到账,可提现金额为微信最大余额,但到账时间会慢一点。

针对微信的两种提现方式,对微信的提现功能进行测试,首先对微信提现进行等价类划分。

①如果选择快速到账,则可将提现功能划分为 1 个有效等价类与 2 个无效等价类,具体如下。

有效等价类:0< 提现金额≤ 10 000 元。

无效等价类:提现金额≤ 0。

无效等价类:提现金额 >10 000 元。

②如果选择普通到账,则可将提现功能划分为 1 个有效等价类与 2 个无效等价类,具体如下。

有效等价类:0< 提现金额≤余额。

无效等价类:提现金额≤ 0。

无效等价类:提现金额 > 余额。

根据上述分析,微信提现功能一共可划分为 6 个等价类,建立等价类表如表 4-3 所示。

表 4-3　微信提现功能的等价类表

功能	有效等价类	编号	无效等价类	编号
快速到账	0< 提现金额 ≤ 10 000 元	1	提现金额 ≤ 0	2
			提现金额 >10 000 元	3
普通到账	0< 提现金额 ≤ 余额	4	提现金额 ≤ 0	5
			提现金额 > 余额	6

　　表 4-3 列出了微信提现功能的所有情况,但在设计测试用例之前,按照审查划分的原则,对表 4-3 进行仔细分析可发现,快速到账的划分是有问题的。因为快速到账的日提现金额为 10 000 元,表明在一天之内,只要提现金额没有累积到 10 000 元,则可多次提取。例如:第一次提现了 6 000 元,第二次提现了 2 000 元,第三次提现了 2 000 元,三次累积达到了 10 000 元,则今日的快速到账提现就无法进行了。据此,可以将快速到账细分为第一次提现和第 n 次提现,第 n 次提现的最大金额为 10 000 减去已经提现的金额,细分后的等价类表如表 4-4 所示。

表 4-4　细分后的微信提现功能等价类表

功能	有效等价类	编号	无效等价类	编号
快速到账 (第一次)	0< 提现金额 ≤ 10 000 元	1	提现金额 ≤ 0	2
			提现金额 >10 000 元	3
快速到账 (第 n 次)	0< 提现金额 ≤ 10 000 元 – 已提现金额	7	提现金额 ≤ 0	8
			提现金额 >10 000 元 – 已提现金额	9
普通到账	0< 提现金额 ≤ 余额	4	提现金额 ≤ 0	5
			提现金额 > 余额	6

　　建立完等价类表,接下来设计测试用例进行测试,假如现在微信中有 50 000 元的余额,则覆盖有效等价类的测试用例与覆盖无效等价类的测试用例分别如表 4-5 和表 4-6 所示。

表 4-5　覆盖有效等价类的测试用例

测试用例编号	功能	金额 / 元	覆盖有效等价类编号
test1	快速到账(第一次)	1 000	1
test2	快速到账(第 n 次,已提现 1 000 元)	7 000	7
test3	普通到账	4 0000	4

表 4-6　覆盖无效等价类的测试用例

测试用例编号	功能	金额 / 元	覆盖无效等价类编号
test4	快速到账（第一次）	-10 000	2
test5		20 000	3
test6	快速到账（第 n 次，已提现 2 000 元）	-2 000	8
test7		9 000	9
test8	普通到账	-3 000	5
test9		60 000	6

表 4-5 和表 4-6 共设计了 9 个测试用例，这些测试用例覆盖了全部的等价类，基本可以检测出提现功能所存在的缺陷。

3. 边界值分析法

边界值分析法主要是用来测试输入或输出的边界值的一种黑盒测试方法，边界值分析法通常作为等价类划分法的补充。

（1）边界值分析法概念

长期从事软件测试工作的人员发现，程序的错误大部分会发生在程序数据范围的边界附近，所以测试人员将此现象设定了一些规则以便测试，这个规则就是边界值分析法的原理。

边界值分析法的原理如下。

①如果输入条件规定了值的范围，则应取刚达到这个范围的边界的值，以及刚刚超越这个范围边界的值作为测试输入数据。

②如果输入条件规定了值的个数，则用最大个数、最小个数、比最小个数少 1、比最大个数多 1 的数作为测试数据。

③如果程序的规格说明给出的输入域或输出域是有序集合，则应选取集合的第一个元素和最后一个元素作为测试用例。

④如果程序中使用了一个内部数据结构，则应当选择这个内部数据边界上的值作为测试用例。

边界值分析法作为一种单独的软件测试方法，它只在边界取值上考虑测试的有效性，相对于等价类划分法来说，它的执行更加简单易行，但缺乏充分性，不能整体全面地测试软件，因此它只能作为等价类划分法的补充测试。

（2）使用边界分析法处理微信提现问题

在学习等价类划分法处理微信提现问题中，微信快速到账的日提现金额最高为 10 000 元，普通到账的提现金额最高为余额。假设微信中余额为 50 000 元，则在进行边界值分析时，如果是第一次快速到账提现，则分别对 0 和 10 000 两个边界值进行测试，分别取 -1、0、1、5 000、9 999、10 000、10 001 这 7 个值作为测试数据；如果是第 n 次提现（假设已提现 2 000 元），则分别对 0 和 8 000 两个边界值进行测试，分别取 -1、0、1、5 000、7 999、8 000、8 001 这 7 个值作为测试数据；对于普通到账提现，则对 0 和 50 000 两个边界值进行测试，分别取 -1、0、1、20 000、49 999、50 000、50 001 这 7 个值作为测试数据。

根据上述分析,设计微信提现的边界值分析测试用例,如表 4-7 所示。

表 4-7　微信提现边界值分析测试用例

测试用例	功能	金额 / 元	被测边界	预期输出
test1		−1		无法提现
test2		0	0	无法提现
test3		1		1
test4	快速到账(第 1 次)	5 000	无	5 000
test5		9 999		9 999
test6		10 000	10 000	10 000
test7		10 001		无法提现
test8		−1		无法提现
test9		0	0	无法提现
test10		1		1
test11	快速到账(第 *n* 次)	5 000	无	5 000
test12		7 999		7 999
test13		8 000	8 000	8 000
test14		8 001		无法提现
test15		−1		无法提现
test16		0	0	无法提现
test17		1		1
test18	普通到账	20 000	无	20 000
test19		49 999		49 999
test20		50 000	50 000	50 000
test21		50 001		无法提现

由表 4-7 可知,一共设计 21 个测试用例来测试微信的边界值。需要注意的是,在本案例中,假设微信的余额为 50 000 元,但在实际测试时,余额可能是一个极大的数或者为无穷大。这种情况在软件测试中很常见,例如取值范围为开区间或者右边为无穷大,这时候测试数据的选取要根据具体业务具体分析。

4. 因果图和决策表法

前两节介绍的等价类划分法和边界值分析法都是针对单个输入数据的合法性进行测试的方法,而这两个方法都未考虑输入条件之间的逻辑关系。当需要输入的数据相互之间有联系且组合方式复杂时,就需要利用因果图或者决策表法。

决策表与因果图法有一定的相似之处,它们都是常用于分析多逻辑条件下执行不同情况的一种方法,所以因果图与决策表法经常结合在一起使用。

（1）因果图概念

因果图是把程序或功能的输入（因）、输出（果）在图中列出，随后通过连线与符号标记的方式表示输入与输出之间的因果关系，以及它们之间的约束关系，这种表达方法就叫作因果图。

（2）因果之间的关系

因果图使用一些简单的逻辑符号和直线将程序的因与果连接起来，一般情况下原因用"c"表示，结果用"e"表示。原因与结果的取值可以为"真"或"假"，"真"代表状态出现，"假"代表情况不出现。

其中因果之间有四种关系，如图4-2所示。

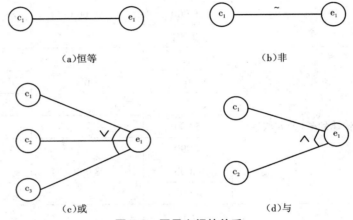

图4-2　因果之间的关系

对上面因果关系图的解释如下。

①恒等：当原因 c_1 出现时，则结果 e_1 必然出现；当原因 c_1 不出现时，则结果 e_1 必然不出现。

②非（~）：当原因 c_1 出现时，则结果 e_1 必然不出现；当原因 c_1 不出现时，则结果 e_1 必然出现。

③或（v）：当原因 c_1、c_2、c_3 中有一个出现时，则结果 e_1 必然出现；当多个结果同时不出现时，则结果 e_1 必然不出现。

④与（^）：当原因 c_1、c_2 中有一个不出现时，则结果 e_1 必然不出现；当多个结果同时出现时，则结果 e_1 必然出现。

（3）因果之间的约束

输入状态相互之间还可能存在某些依赖关系，这种依赖关系称为约束。例如，当用户注册程序账号时，在选择性别框中只能选择"男"或"女"，这两种输入不能同时存在。在因果图中，用特定的符号表明这些约束。

因果之间的输入条件的约束有四种：E（exclusive，异）、I（at last one，或）、O（one and only one，唯一）和 R（requires，要求）；输出条件的约束有一种：M（mask，强制），如图4-3所示。

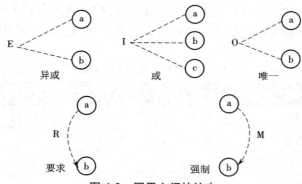

图 4-3　因果之间的约束

①E 约束（异）：a 和 b 中至多有一个为真，即 a 和 b 不能同时为真。

②I 约束（或）：a、b 和 c 中至少有一个必须为真，即 a、b 和 c 不能同时为假。

③O 约束（唯一）：a 和 b 必须有一个，且仅有 1 个为真。

④R 约束（要求）：a 为真时，b 必须为真，即不可能 a 为真时 b 为假。

⑤M 约束（强制）：a 为真时，则 b 必须强制为真。

（4）因果图法设计测试用例步骤

使用因果图法设计测试用例需要经过下面几个步骤。

步骤一：根据程序或程序功能的说明书，确定程序的输入（原因）与输出（结果）。

步骤二：将分析出的输入与输出、输入与输入之间的关系使用因果图表示。

步骤三：根据程序的规则与环境的限制，判断出哪些输入与输入、输入与输出之间的组合情况不可能发生，将其使用约束符号标记。

步骤四：将因果图转换为决策表。

步骤五：根据决策表设计测试用例。

（5）决策表概念

当输入条件很多时，输入与输出之间的组合也会很复杂，容易使人混乱。为了避免这种情况，测试人员往往会把因果图转换为决策表。

决策表的实质其实是逻辑表，在程序设计初期，决策表就已经作为辅助设计工具来使用了，它可以把复杂的逻辑关系和各种不同的组合表达得具体且明确。决策表通常由条件桩、条件项、动作桩、动作项 4 个部分组成。

条件桩：列出问题的所有条件。

条件项：条件桩的所有可能的取值。

动作桩：对列出的问题可能采取的操作。

动作项：指出在条件项的各组取值情况下应采取的动作。

（6）通过图书阅读指南理解决策表

为了更好地理解决策表，下面通过一个"图书阅读指南"来制作一个决策表。图书阅读指南指明了图书阅读过程中可能出现的状况，以及针对各种情况给读者的建议。

在图书阅读过程中可能会出现 3 种情况：是否疲倦、对内容是否感兴趣、对书中的内容是否感到糊涂。如果回答是肯定的，则使用"Y"标记；如果回答是否定的，则使用"N"标记。那么这 3 种情况可以有 $2^3=8$ 种组合。

针对这 8 种组合,阅读指南给读者提供了 4 条建议:回到本章开头重读、继续读下去、跳到下一章、停止阅读并休息。根据上述情况制作的图书阅读指南决策表如表 4-8 所示。

表 4-8　图书阅读指南决策表

合并单元格		1	2	3	4	5	6	7	8
问题	是否疲倦	Y	Y	Y	Y	N	N	N	N
	是否对内容感兴趣	Y	Y	N	N	N	Y	Y	N
	对书中内容是否感到糊涂	Y	N	N	Y	Y	Y	N	N
建议	回到本章开头重读						√		
	继续读下去							√	
	跳到下一章					√			√
	停止阅读并休息	√	√	√	√				

对应决策表的 4 个组成部分,图书阅读指南决策表中的条件桩包括是否疲倦、对内容是否感兴趣、对书中内容是否感到糊涂;条件项包括"Y"与"N"。

动作桩包括回到本章开头重读、继续读下去、跳到下一章、停止阅读并休息;动作桩是指问题综合情况下所采取的具体动作,动作项与条件项紧密相关,它的值取决于条件项的各组取值情况。

(7)简化决策表

决策表中的每一列都是一条规则,都可以设计一个测试用例。在更加复杂的程序中,条件桩的数量要多得多,如果每一条规则都设计一个测试用例,不仅工作量大,还会做了许多重复的无用功。

例如,在表 4-8 中,第 1 条规则取值为:Y、Y、Y,执行结果为"停止阅读并休息";第 2 条规则取值为:Y、Y、N,执行结果也为"停止阅读并休息"。对于这两条规则来说,前两个问题的取值相同且执行结果也一样,因此第 3 个问题的取值对结果并无影响,第 3 个问题就被称为无关条件项,使用"—"表示。

忽略无关条件项后,可以将这两条规则进行合并,如图 4-4 所示。而包含无关条件选项"—"的规则还可以与其他规则合并,如图 4-5 所示。

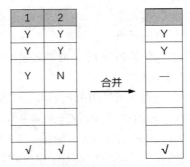

图 4-4　合并规则 1 与 2

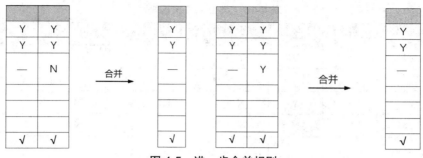

图 4-5　进一步合并规则

将规则进行合并，可以减少重复的规则，相应地减少无用测试用例的设计，这样可以大大减少软件测试的工作量。图书阅读指南决策表最初有 8 条规则，进行合并之后只剩下 5 条规则，简化后的图书阅读指南决策表如表 4-9 所示。

表 4-9　简化后的图书阅读指南决策表

问题与建议		1	2	3	4	5
问题	是否疲倦	Y	Y	N	N	N
	是否对内容感兴趣	Y	N	N	Y	Y
	对书中内容是否感到糊涂	—	—	—	Y	N
建议	回到本章开头重读				√	
	继续读下去					√
	跳到下一章			√		
	停止阅读并休息	√	√			

简化后的决策表相比较之前的决策表简捷了许多，在测试的时候只需要设计 5 个测试用例即可覆盖所有的情况。

相比于因果图，决策表能够把复杂的问题按各种可能的情况一一列举，简明且易理解，覆盖面广，所以在逻辑复杂、组合种类多的情况下，使用决策表更合适。

（8）使用因果图和决策表法解决工资发放问题

某公司的薪资管理制度如下：员工工资分为年薪制与月薪制两种，员工的错误类型包括普通错误与严重错误两种，如果是年薪制的员工，犯普通错误扣款 2%，犯严重错误扣款 4%；如果是月薪制的员工，犯普通错误扣款 4%，犯严重错误扣款 8%。该公司编写了一款软件用于员工工资计算发放，现在对该软件进行测试。

对公司员工工资管理进行分析，可得出员工工资由 4 个因素决定：年薪、月薪、普通错误、严重错误。其中年薪与月薪不可能并存，但普通错误与严重错误可以并存；而员工最终扣款结果有 7 种：未扣款、扣款 2%、扣款 4%、扣款 6%（2%+4%）、扣款 4%、扣款 8%、扣款 12%（4%+8%），由此总结出该公司员工工资决策表，如表 4-10 所示。

表 4-10　员工工资决策表

规则		1	2	3	4	5	6	7	8
原因	c1	Y	Y	Y	Y				
	c2					Y	Y	Y	Y
	c3	N	Y	N	Y	N	Y	N	Y
	c4	N	N	Y	Y	N	N	Y	Y
结果	e1	√				√			
	e2		√						
	e3			√					
	e4				√				
	e5						√		
	e6							√	
	e7								√

　　分析该员工工资决策表,发现并没有可以合并的规则,则此决策表就可以作为设计测试用例的参照。根据公司的薪资情况设计的测试用例如表 4-11 所示。

表 4-11　员工工资测试用例

测试用例	薪资制度	薪资 / 元	错误程度	扣款 / 元
test1	年薪制	200 000	无	0
test2		250 000	普通	5 000
test3		300 000	严重	12 000
test4		350 000	普通 + 严重	21 000
test5	月薪制	8 000	无	0
test6		10 000	普通	400
test7		15 000	严重	1 200
test8		8 000	普通 + 严重	960

5. 正交实验设计法

　　在实际的软件测试过程中,时常会遇到无法通过软件的规格说明得出输入输出关系的情况。当软件或者软件的一个功能复杂到无法划分出等价类,制作出的因果图又过于庞大时,就要利用正交实验设计法来设计测试用例。

　　(1)正交实验法概念

　　正交实验法由日本田口玄一博士于 1949 年创立,在 20 世纪 60 年代初传入中国。正交实验法通过在大批量的实验点中挑选一定数量具有代表性的点,并依据 Glois 理论导出正交表来安排实验,它是一种研究多因素多水平的实验方法。

　　正交实验法安排的实验具有均匀分散、整齐可比的特点,它使实验点均匀地分布在各个实验范围内,让每一个实验点都具有一定的代表性;并且对实验结果的分析十分方便,可以预估每一个因素对指标的影响。但因为每个实验点的重点不突出,容易造成测试人员在用户不常用的功能或场景中花费较多的时间进行测试设计和执行。

（2）正交实验法原理

在科研领域经常会使用正交实验法来设计实验,例如在生物学中使用正交实验法研究植物的生长状况,一株植物的生长状况会受到多种因素的影响,包括种子质量等内部因素,也包括阳光、空气、水分、土壤等外部因素。当软件比较复杂的时候,在软件测试中也可以利用正交实验法设计测试用例对软件进行测试。

正交实验法包含 3 个关键因素。

①指标:判断实验结果优劣的标准。

②因子(因素):所有影响实验指标的条件。

③因子状态(因子水平):因子变量的取值。

（3）设计测试用例

使用正交实验法设计测试用例时,可以按照如下步骤进行。

步骤一:提取因子,构造因子状态。

分析软件的规格需求说明得到影响软件功能的因子,确定因子可以有哪些取值,即确定因子的状态。例如,某一软件的运行受到操作系统和数据库的影响,因此影响其运行是否成功的因子有操作系统和数据库 2 个,而操作系统有 Windows、Linux、Mac 3 个取值,数据库有 MySQL、MongoDB、Oracle 3 个取值。因此操作系统的因子状态为 3,数据库因子状态为 3。根据此结构该软件运行功能的因子状态表,如表 4-12 所示。

表 4-12　因子状态表

因子	因子状态		
操作系统	Windows	Linux	Mac
数据库	MySQL	MongoDB	Oracle

步骤二:加权筛选,简化因子状态表。

在实际软件测试的过程中,软件的因子及因子状态会非常复杂,每个因子及其状态对软件的作用也大不相同,如果把这些因子及状态都划分到因子状态表中,最后设计出来的测试用例会非常庞大,从而影响测试的效率。所以需要根据因子及状态的重要程度进行加权筛选,选择出重要的因子与状态,从而达到简化因子状态表的目的。

加权筛选需要根据因子或状态的重要程度、出现频率等因素计算因子和状态的权值,权值越大,表明因子越重要;反之则表明因子或状态的重要性越小。加权筛选之后,可以去掉一部分权值较小的因子或状态,使得最后生成的测试用例集缩减到合理的范围。

步骤三:构建正交表,设计测试用例。

正交表的表示形式为 $Ln(tc)$。对表达式的解释如下。

① L:正交表。

② n:正交表的行数,正交表的每一行可以设计一个测试用例,因此行数 n 也表示可以设计出的测试用例的数目。

③ c：正交表的列数，即正交实验的因子数目。

④ t：水平数，表示每一个因子可以取得的最大值，即因子有多少个状态。

例如 L4（23）是最简单的正交表，其表示该实验有 3 个因子，每个因子都有 2 个状态，可以做 4 次实验，如果用 0 和 1 表示每个因子的两种状态，则该正交表就是一个 4 行 3 列的表，如表 4-13 所示。

表 4-13　L4(23)正交表

行＼列	1	2	3
1	1	1	1
2	1	0	0
3	0	1	0
4	0	0	1

假设表 4-13 中的 3 个因子为登录用户名、密码和验证码，那么登录用户名、密码和验证码有正确（用 1 表示）和错误（用 0 表示）两种状态，正常需要设计 8 个测试用例，而使用正交表只需要设计 4 个测试用例就可以达到同样的测试效果。因此，正交实验法是一种高效、快速、经济的实验设计方法。

在表 4-13 中，3 个因子状态都有两种，这样的正交实验比较容易设计正交表表。但是在实际软件测试中，大多数情况下，软件有多个因子，每个因子的状态数目都不相同，即各列的水平数不等，这样的正交表称为混合正交表。如 L8（24×41），这个正交表表示有 4 个因子有两种状态，有 1 个因子有 4 种状态。混合正交表往往难以确定测试用例的数目，即 n 的值，这种情况下，读者可以登录正交表的一些权威网站，查询 n 值，例如图 4-6 展示的就是一个正交表查询网站的主页。

在类似的正交表查询网站中，可以查询不同因子数、不同水平数的正交表的 n 值。在该网站中查找到 24×41 的正交表 n 值为 8，其正交表设计如表 4-14 所示。

表 4-14　L8($2^4 \times 4^1$)正交表

行＼列	1	2	3	4	5
1	0	0	0	0	0
2	0	0	1	1	2
3	0	1	0	1	1
4	0	1	1	0	3
5	1	0	0	1	3
6	1	0	1	0	1
7	1	1	0	0	2
8	1	1	1	1	0

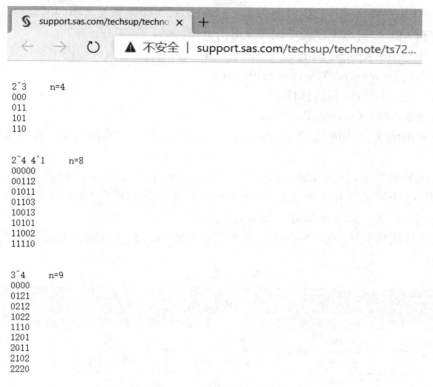

图 4-6　正交表查询网站

由表 4-14 可知，第 1~4 列有 0 和 1 两种状态，第 5 列有 4 种状态，正符合"有 4 个因子有 2 种状态，有 1 个因子有 4 种状态"。

正交表的特点就是取点均匀分散、整齐可比，每一列中每种数字出现的次数都相等，即每种状态的取值次数相等。例如，在表 4-13 中，每一列都是取 2 个 0 和 2 个 1；在表 4-14 中，第 1~4 列中 0 和 1 的取值个数都是 4，第 5 列中 0、1、2、3 的取值个数均为 2。

此外，任意两列组成的对数出现的次数相等。例如，在表 4-13 中，第 1~2 列共组成 4 对数据：（1、1）、（1、0）、（0、1）、（0、0），这 4 对数据各出现一次，其他任意两列也是如此；在表 4-14 中，第 1~2 列组成的数据对有 4 个：（0,0）、（0,1）、（1,0）、（1,1），这 4 对数据出现的次数各为 2 次。

在正交表中，每个因子的每个水平与另一个因子的各水平都"交互"一次，这就是交互性，它保证了实验点均匀分散在因子与水平的组合之中，因此具有很强的代表性。

对于受多因子多水平影响的软件，正交实验法可以高效适量地生成测试用例，减少测试工作量，并且利用正交实验法得到的测试用例具有一定的覆盖性，检错率可达 50% 以上。正交实验法虽然好用，但在选择正交表时要注意先要确定实验因子、状态及它们之间的交互作用，选择合适的正交表，同时还要考虑实验的精度要求、费用、时长等因素。

（4）使用正交实验法设计 Web 页面运行环境实验

微信是一款手机 App 软件，但它也有 Web 版微信可以登录，如果要测试微信 Web 页面运行环境，要考虑多种因素。在众多因素中，可以选出几个影响比较大的因素，如服务器、操作系统、插件和浏览器。对于选取出的 4 个影响因素,每个因素又有不同的取值,同样,在每个因素的多个值中,可以选出几个比较重要的值,具体如下。

①服务器:IIS、Apache、Jetty。
②操作系统:Windows7、Windows10、Linux。
③插件:无、小程序、微信插件。
④浏览器:IE11、Chrome、FireFox。

对于多因素多水平的测试可以选择正交实验法,正交实验法的第一步就是提取有效因子。

由上述分析可知,微信 Web 版运行环境正交实验中有 4 个因子:服务器、操作系统、插件、浏览器,每个因子又有 3 个水平,因此该正交表是一个 4 因子 3 水平正交表,在正交表查询网站查询可得其 n 值为 9,即该正交表是一个 9 行 4 列的正交表。

按照上述所列顺序,从左至右 3 个水平编号为 0、1、2,则生成的正交表如表 4-15 所示。

表 4-15　L9(34)正交表

行 \ 列	服务器	操作系统	插件	浏览器
1	IIS	Windows7	无	IE11
2	IIS	Windows10	微信插件	Chrome
3	IIS	Linux	小程序	FireFox
4	Apache	Windows7	微信插件	FireFox
5	Apache	Windows7	小程序	IE11
6	Apache	Linux	无	Chrome
7	Jetty	Windows7	小程序	Chrome
8	Jetty	Windows7	无	FireFox
9	Jetty	Linux	微信插件	IE11

表 4-15 中每一行都是一个测试用例,即微信 Web 页面的一个运行环境。对于该测试案例,如果使用因果图法要设计 81 个测试用例,而使用正交试验设计法,只需要 9 个测试用例就可以完成测试。

正交实验设计法虽然高效,但并不是每种软件测试都适用,在实际测试中,正交实验法其实使用比较少,但还是要理解正交试验设计法的设计模式和思维方式。

6. 测试用例进阶

（1）测试用例计划的目的

在大型项目中,测试用例的数量非常庞大的情况很常见,而且在小型项目中,如果要达到测试目标,测试用例的数量也不在少数。测试用例的建立非常耗费测试人员的时间与精力,因此在设计测试用例时应该进行正确且详细的计划,以便所有测试人员以及项目小组其他成员审查与使用。

在项目开发及测试期间会出现软件的多个版本,此时应对新版本软件执行多次先前完成的测试。这样一方面可以保证新版软件中的旧缺陷已经被修复,另一方面也可以检查是否在修复的过程中引发了其他缺陷。若没有对测试用例进行正确且详细的计划,测试人员将不清楚是使用原有的测试用例还是重新设计测试用例,也不清楚原有的测试用例是否以及重复测试过了。

（2）测试设计说明

项目整体测试计划的优先级最高,它将待测软件拆分为具体特性和可测试项,然后将拆分后的内容分派给每个测试员。但它未指明针对这些特性进行测试的方法,有时仅给出测试方法种类的一些提示,而且并不会涉及测试工具的使用方式及测试工具的使用场景。因此为了能更顺利地进行测试工作,需要为软件的单个特性定义具体的测试方法,这就是测试设计说明。

测试设计说明在 ANSI/IEEE 829 标准中有明确解释:测试设计说明是在测试计划中提炼测试方法,要明确指出设计包含的特性以及相关测试用例和测试程序,并指定判断特性通过/失败的规则。

测试设计说明的目的是针对软件具体特性来描述和组织需要进行的测试,但并不会给出具体的测试用例或执行测试的步骤。ANIS/IEEE 829 标准中规定了测试设计说明应该包含的部分内容。

①标识符:用于引用和定位测试设计说明的唯一标识符。

②要测试的特性:对测试设计说明所包含的软件特性的描述。例如,写字板程序中的字体大小选择和显示效果。

③方法:描述测试的通用方法。若方法在测试计划中明确指出,则应在此详细描述需要使用的技术,并提供验证测试结果的方法。

④测试用例信息:描述所引用的测试用例的相关信息。例如,检查最大值测试用例"ID#15326"。此部分不进行实际测试用例的定义。

⑤通过/失败规则:描述判定某项特性的测试结果是通过还是失败的规则。

（3）测试用例说明

ANSI/IEEE 829 标准规定测试用例说明需要"编写用于输入输出的实际数值和预期结果,同时指明使用具体测试用例产生的测试程序的限制"。

测试用例说明应包含需要发送给软件的值或条件及其预期结果。同时测试用例说明可被多个其他测试用例说明引用,也可引用多个其他测试用例说明。

ANSI/IEEEE 829 标准还列出了一些应包含在测试用例说明中的重要信息,具体如下。

①标识符:用于引用和定位测试设计说明的唯一标识符。

②测试项:描述被测试的详细特性、代码模块等。应比测试设计说明中所列出的特性更加详细具体,还需要指出引用的产品说明书或测试用例所依据的其他设计文档。

③输入说明:列举出执行测试用例的所有输入内容或条件。例如,测试计算器程序,输入说明可能只有"1+2";若测试蜂窝电话交换软件,则输入说明可能是成百上千种输入条件。

④输出说明:描述执行测试用例的预期结果。例如,1+2 等于 3,蜂窝电话交换软件中成百上千个输出变量的预期值。

⑤环境要求：执行测试用例必要的硬件、软件、测试工具、人员及其他工具等。

⑥特殊要求：描述执行测试必须满足的特殊要求，但并不是所有软件都有特殊要求。

⑦用例之间的依赖性：注明用例之间的关系。若一个测试用例依赖于其他用例或受其他用例影响，应在此部分注明。

依据上面的标准指定设计的测试用例如表4-16所示。

表4-16　测试用例

编号：

编制人		审定人		时间	
软件名称				编号/版本	
测试用例					
用例编号					
参考信息（参考的文档及章节号或功能项）					
输入说明（列出选用的输入项，覆盖正常、异常情况）					
输出说明（逐条与输入项对应，列出预期输出）					
环境要求（测试的软硬件及网络要求）					
特殊规程要求					
用例间的依赖关系					
用例产生的测试程序限制					

ANSI/IEEE 829标准只是作为编写测试用例的一个规范，并非强制要求。在实际测试中都会根据实际情况采用更简便且效果较好的方法进行代替，只有在一些政府项目或者特殊行业的要求下才会严格使用上述标准编写测试用例。

采用简便方法就是找出一个更有效的方法对这些信息进行精简。表4-17就是一个打印机兼容性的简单列表的例子。

表4-17　打印机兼容性简单列表

测试用例序列号	品牌	型号	模式	选项
WP0001	Cannon	BJC-7000	黑白	文字
WP0002	Cannon	BJC-7000	黑白	超级照片
WP0003	Cannon	BJC-7000	黑白	自动
WP0004	Cannon	BJC-7000	黑白	草稿
WP0005	Cannon	BJC-7000	彩色	文字
WP0006	Cannon	BJC-7000	彩色	超级照片
WP0007	Cannon	BJC-7000	彩色	自动
WP0008	Cannon	BJC-7000	彩色	草稿

续表

测试用例序列号	品牌	型号	模式	选项
WP0009	HP	LaserJet IV	高	
WP0010	HP	LaserJet IV	中	
WP0011	HP	LaserJet IV	低	

（4）测试用例模板

测试用例模板如表 4-18 所示。

表 4-18　测试用例模板

项目名称				程序版本			
功能模块名							
编制人				编制时间			
功能特性							
测试目的							
预置条件							
参考信息				特殊规程说明			
用例编号	相关用例	用例说明	输入数据	预期结果	测试结果	缺陷编号	备注

通过以上内容的学习，本任务将以 OA 协同办公管理系统中的用户登录、系统管理、用户管理功能介绍黑盒测试方法的使用以及测试用例的设计。

1. 用户登录

用户输入用户名、密码及验证码后进入该系统主页面。用户登录功能的需求及业务规则如图 4-7 所示。

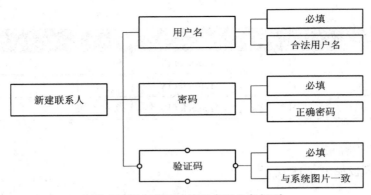

图 4-7 用户登录功能需求及业务规则

用户登录共有 3 个字段:用户名、密码、验证码。因该需求比较简单,故无须分析过程,直接进行用例设计,如表 4-19 所示。

表 4-19 用户登录测试用例

用例编号	测试项目	测试标题	重要级别	预置条件	输入	执行步骤	预期输出
YHDL-01	用户登录	正常进入登录页面	高	无	无	在浏览器地址栏输入网址,或点击超链接地址	进入登录页面
YHDL-02	用户登录	正常进入登录页面	高	登录页面正常加载	无	点击浏览器关闭按钮	退出登录页面
YHDL-03	用户登录	合法用户登录	高	登录页面正常加载,用户名、密码、验证码	①用户名:teacher123;②密码:teacher321;③验证码:与系统提示一致	输入以上数据,点击"登录"按钮	进入系统主页面
YHDL-04	用户登录	用户名为空,能否登录	高	登录页面正常加载,存在正确的任务 ID、用户名、密码、验证码	①用户名:空;②密码:teacher321;③验证码:与系统提示一致	输入以上数据,点击"登录"按钮	提示:请输入用户名
YHDL-05	用户登录	密码为空,能否登录	高	登录页面正常加载,存在正确的任务 ID、用户名、密码、验证码	①用户名:teacher123;②密码:空;③验证码:与系统提示一致	输入以上数据,点击"登录"按钮	提示:请输入密码

续表

用例编号	测试项目	测试标题	重要级别	预置条件	输入	执行步骤	预期输出
YHDL-06	用户登录	验证码为空,能否登录	高	登录页面正常加载,存在正确的任务 ID、用户名、密码、验证码	①用户名:teacher123;②密码:teacher321;③验证码:空	输入以上数据,点击"登录"按钮	提示:请输入验证码
YHDL-07	用户登录	全为空,能登录	高	登录页面正常加载,存在正确的任务 ID、用户名、密码、验证码	无	点击"登录"按钮	提示:请输入用户名

2. 系统管理

该模块中包含类型管理、菜单管理。类型管理页面,用户可在该页面对系统内各个类型进行排序,还可对其进行新增、刷新、修改、查看、删除等操作。菜单管理页面,用户可在该页面对菜单进行操作,包括对其进行新增、刷新、修改、删除、排序等操作。系统管理功能需求及业务规则如图 4-8 所示。

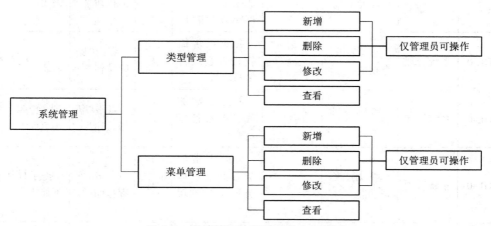

图 4-8 系统管理功能需求及业务规则

对系统管理模块的需求进行罗列之后,以此作为依据设计测试用例,如表 4-20 所示。

表 4-20 系统管理测试用例表

用例编号	测试项目	测试标题	重要级别	预置条件	输入	执行步骤	预期输出
XTGL-0	系统管理	增、删、改、查功能	高	页面正常加载且登录管理员账号	无	点击"修改按钮"	弹出修改页面

用例编号	测试项目	测试标题	重要级别	预置条件	输入	执行步骤	预期输出
XTGL-0	系统管理	增、删、改、查功能	高	页面正常加载且未登录管理员账号	无	点击"修改按钮"	提示权限不足
XTGL-0	系统管理	增、删、改、查功能	高	页面正常加载且登录管理员账号	无	点击"查看按钮"	弹出详细信息页面
XTGL-0	系统管理	增、删、改、查功能	高	页面正常加载且未登录管理员账号	无	点击"查看按钮"	弹出详细信息页面
XTGL-0	系统管理	增、删、改、查功能	高	页面正常加载且登录管理员账号	无	点击"删除按钮"	弹出再次确认窗口
XTGL-0	系统管理	增、删、改、查功能	高	页面正常加载且登录管理员账号,弹出了再次确认窗口	无	点击"确认按钮"	选中模块被删除
XTGL-0	系统管理	增、删、改、查功能	高	页面正常加载且登录管理员账号,弹出了再次确认窗口	无	点击"取消按钮"	再次确认窗口关闭
XTGL-0	系统管理	增、删、改、查功能	高	页面正常加载且未登录管理员账号	无	点击"删除按钮"	提示权限不足
XTGL-0	系统管理	增删改查功能	高	页面正常加载且登录管理员账号	无	点击"新增按钮"	跳转到新增模块页面
XTGL-0	系统管理	增、删、改、查功能	高	页面正常加载且登录管理员账号,转到新增模块页面	无	点击"保存按钮"	提示模块名称不能为空
XTGL-0	系统管理	增、删、改、查功能	高	页面正常加载且登录管理员账号,转到新增模块页面,填写模块名称	无	点击"保存按钮"	提示类型不能为空

续表

用例编号	测试项目	测试标题	重要级别	预置条件	输入	执行步骤	预期输出
XTGL-0	系统管理	增、删、改、查功能	高	页面正常加载且登录管理员账号,转到新增模块页面,填写模块名称和类型	无	点击"保存按钮"	提示排序值不能为空
XTGL-0	系统管理	增、删、改、查功能	高	页面正常加载且登录管理员账号,转到新增模块页面,填写模块名称、类型、排序值	无	点击"保存按钮"	回到上一级页面并保存了新建的模块
XTGL-0	系统管理	增、删、改、查功能	高	页面正常加载且未登录管理员账号	无	点击"新增按钮"	提示权限不足信息

3. 用户管理

用户管理需求共涉及 8 个输入项。针对输入项,利用等价类划分法及边界值分析法设计测试用例,用户管理功能需求及业务规则如图 4-9 所示。

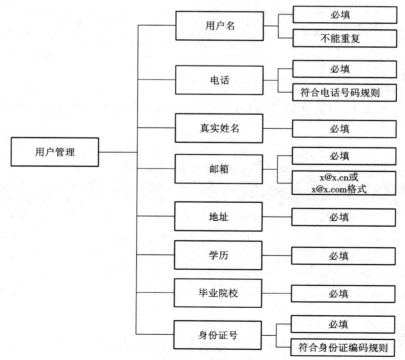

图 4-9 用户管理功能需求及业务规则

（1）用户名

用户名共有 3 个条件：必填、不少于 3 个字符、不能重复，分别构造有效等价类及无效等价类，具体如表 4-21 所示。

表 4-21　用户名字段等价类及边界值分析表

字段名	有效等价类	编号	无效等价类	编号
用户名	不为空	YHZC-name-01	空	YHZC-name-02
	等于 3 个字符	YHZC-name-03	小于 3 个字符	YHZC-name-04
	大于 3 个字符	YHZC-name-05	重复	YHZC-name-06
	不重复	YHZC-name-07		

测试用例根据实际测试需要，不一定需要写得非常细致，如"用户名"包含字符类型，此处无须再划分纯字母、纯汉字、特殊符号等，构造数据时可混搭。

（2）邮箱

邮箱有两个条件：必填、符合规定格式，分别构造有效等价类及无效等价类，如表 4-22 所示。

表 4-22　邮箱等价类分析表

字段名	有效等价类	编号	无效等价类	编号
邮箱	不为空	YHZC-email-01	空	YHZC-email-02
	x@x.com	YHZC-email-03	既不是 x@x.com 也不是 x@x.cn 格式	YHZC-email-04
	x@x.cn	YHZC-email-05		

（3）银行账号

银行账号有两个条件：必填、16~19 个字符，分别构造有效等价类及无效等价类，如表 4-23 所示。

表 4-23　银行账号等价类分析表

字段名	有效等价类	编号	无效等价类	编号
银行账号	不为空	YHZC-bank-01	空	YHZC-bank-02
	16~19 个字符	YHZC-bank-03	小于 16 位	YHZC-bank-04
	等于 16 位	YHZC-bank-05	大于 19 位	YHZC-bank-06
	等于 19 位	YHZC-bank-07		

（4）身份证号

身份证号有两个条件：必填、符合身份证编码规则，分别构造有效等价类及无效等价类，如表 4-24 所示。

表 4-24 身份证号等价类分析表

字段名	有效等价类	编号	无效等价类	编号
身份证号	不为空	YHZC-idcard-01	空	YHZC-idcard-02
	符合身份证编码规则	YHZC-idcard-03	不符合身份证编码规则	YHZC-idcard-04

通过以上分析设计的测试用例如表 4-25 所示。

表 4-25 测试用例表

用例编号	测试项目	测试标题	重要级别	预置条件	输入	执行步骤	预期输出
YHZC-01	用户管理	用户名填写	高	注册页面正常加载	无	点击保存	提示用户名不能为空
YHZC-02	用户管理	用户名填写	高	注册页面正常加载	输入 2 个字符,其他不输入	点击"保存"按钮	提示用户名长度不少于 3 个字符
YHZC-03	用户管理	用户名填写	高	注册页面正常加载	输入 3 个字符,其他不输入	点击"保存"按钮	提示邮箱地址不能为空
YHZC-04	用户管理	用户名填写	高	注册页面正常加载	输入 4 个字符,其他不输入	点击"保存"按钮	提示邮箱地址不能为空
YHZC-05	用户管理	邮箱填写	高	用户名输入 4 个字符	邮箱输入既不是 x@x.com 格式也不是 x@x.cn 格式	点击"保存"按钮	提示邮箱格式不正确
YHZC-06	用户管理	邮箱填写	高	用户名输入 4 个字符	邮箱输入 x@x.com 格式	点击"保存"按钮	提示密码不能为空
YHZC-07	用户管理	邮箱填写	高	用户名输入 4 个字符	邮箱输入 x@x.cn 格式	点击"保存"按钮	提示密码不能为空
YHZC-08	用户管理	银行账号填写	高	用户名输入 4 个字符,邮箱输入无误	空	点击"保存"按钮	提示银行账号不能为空

用例编号	测试项目	测试标题	重要级别	预置条件	输入	执行步骤	预期输出
YHZC-09	用户管理	银行账号填写	高	用户名输入4个字符，邮箱输入无误	不符合规则的16位数字	点击"保存"按钮	提示银行账号格式错误
YHZC-10	用户管理	银行账号填写	高	用户名输入4个字符，邮箱输入无误	不符合规则的19位数字	点击"保存"按钮	提示银行账号格式错误
YHZC-11	用户管理	银行账号填写	高	用户名输入4个字符，邮箱输入无误	符合规则的16位数字	点击"保存"按钮	提示身份证号不能为空
YHZC-12	用户管理	银行账号填写	高	用户名输入4个字符，邮箱输入无误	符合规则的19位数字	点击"保存"按钮	提示身份证号不能为空
YHZC-13	用户管理	身份证号填写	高	用户名输入4个字符，邮箱输入无误，银行账号输入无误	空	点击"保存"按钮	提示身份证号不能为空
YHZC-14	用户管理	身份证号填写	高	用户名输入4个字符，邮箱输入无误，银行账号输入无误	输入不符合编码规则的身份证号	点击"保存"按钮	提示身份证号格式错误
YHZC-15	用户管理	身份证号填写	高	用户名输入4个字符，邮箱输入无误，银行账号输入无误	输入符合编码规则的身份证号	点击"保存"按钮	跳转到用户管理页面，显示刚刚添加的用户

通过对本项目的学习,了解了黑盒测试的概念,学习了黑盒测试中等价类划分法、边界值分析法、因果图和决策表法、正交实验设计法的使用方式,并掌握了使用黑盒测试测试用例并得出结论的方法。

一、填空题

1. 黑盒测试的测试方法有_____、_____、_____、_____、_____ 5 种。

2. 黑盒测试法是通过分析程序的_____来设计测试用例的方法。

3. 除了测试程序外,黑盒测试还适用于对需求分析应用范围阶段的_____进行测试。

4. 根据输出对输入的依赖关系设计测试用例的方法是_____。

5._____主要是用来测试输入或输出的边界值的一种黑盒测试方法。

二、简答题

1. 简述黑盒测试的优缺点。

2. 使用黑盒测试的过程中,常用的方法有哪些?

项目五　　白盒测试

通过本项目的学习,了解并掌握静态白盒测试,学习逻辑覆盖中语句覆盖、判定覆盖、条件覆盖、判定条件覆盖、条件组合覆盖以及路径覆盖 6 种覆盖方法,逻辑覆盖测试和基本路径覆盖测试作为重点测试课程。在学习过程中:

● 了解静态白盒测试。

● 掌握逻辑覆盖测试。

● 掌握循环覆盖测试。

● 掌握白盒的基本测试方法。

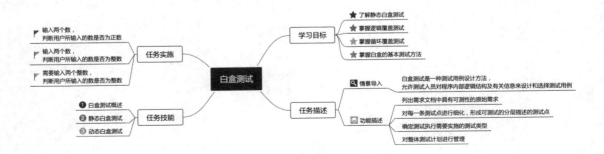

【情境导入】

白盒测试是一种测试用例设计方法,允许测试人员利用程序内部逻辑结构及有关信息来设计和选择测试用例,对程序的逻辑路径进行测试。它是基于一个应用代码的内部逻辑知识,测试覆盖全部代码、分支、路径、条件。

【功能描述】

- 列出需求文档中具有可测性的原始需求。
- 对每一条测试点进行细化,形成可测试的分层描述的测试点。
- 确定测试执行需要实施的测试类型。
- 对整体测试计划进行管理。

技能点一 白盒测试概述

白盒测试又称为功能性测试,是一种测试用例设计方法,在这里盒子指的是被测试的软件。白盒,顾名思义即盒子是可视的。测试人员在测试时需要完全了解程序结构和处理过程,按照程序内部逻辑测试、检验程序中内部结构、逻辑是否按预定要求正常工作。白盒测试的结构如图 5-1 所示。

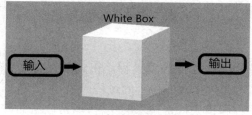

图 5-1 白盒测试结构

白盒测试分为静态白盒测试和动态白盒测试两种。静态白盒测试是在不执行代码的条件下有条理地仔细审查软件设计、体系结构和代码,从而找出软件缺陷的过程,又称为结构分析。动态白盒测试是指在访问代码的情况下,对程序进行查看和审查。

在使用白盒进行测试过程中,具有增大代码覆盖率等优点,但使用成本比较高,白盒测试的具体的优缺点如下。

优点:

增大代码的覆盖率,提高代码的质量;

依据测试用例有针对性地寻找问题,定位更加准确。

缺点:

无法检查程序外部特性、无法检查规格说明书;

检测成本比较高。

黑盒测试和白盒测试都是对项目进行的功能性测试,在测试过程中,主要有测试方向、测试依据、测试目的、测试方法等 4 个方面的区别,具体如表 5-1 所示。

表 5-1　　黑盒测试与白盒测试的区别

区别	黑盒测试	白盒测试
测试方向	测试人员着重测试软件功能,完全不考虑程序内部的逻辑结构和内部特性	测试人员着重测试软件接口与结构,从代码句法发现内部代码的算法、溢出、路径、条件等缺点
测试依据	需求规格说明书	软件程序
测试目的	在数据或者参数上,输入能否被正确接收;在性能上是否能够满足要求	通过在不同点检查程序的状态,确定实际的状态是否与预期的状态一致
测试方法	边界值分析法、等价类划分法、因果图法、决策表法、正交实验法、场景法	覆盖法、路径分析法

技能点二　　静态白盒测试

1. 静态白盒测试概述

静态白盒测试是指无须执行被测代码,而是通过人工测试的方法的检查和走查代码以实现对程序进行相关的测试。静态白盒测试的目的在于尽早发现软件的缺陷,找出动态白盒子测试难以揭示或遇到的软件缺陷,同时为接受该软件测试的黑盒测试员的测试案例提供思路。

2. 代码检查

代码检查是进行静态白盒测试的主要过程。正式审查的含义较为广泛,从程序员之间的交谈到代码的严格检查都是属于代码检查的过程。

代码检查是一系列规程和错误检查技术的集合,通常以组的方式通过同事审查、公开程序等流程,在审查过程中需要经过 4 个步骤,分别是问题确定、遵守规则、过程准备和报告编写,具体内容如下。

①问题确定。审查的目的就是为了找出软件所存在的一些问题,而不仅仅是发现一个包含错误的软件项目,或者存在一些遗漏的软件项目。程序出现错误不应该指责程序开发人员,而应在代码上寻找解决办法。团队之间应该相互配合,共同完成工作。

②遵守规则。在进行审查时,应当遵守一套固有的相关规则,规则中可能会涉及代码的代码量、花费的具体时间、具体的审查内容,对一些需要的地方做上适当的备注。这些过程的重要性在于使团队成员更能了解自己在团队中的作用以及目标,更加有助于使审查进展得更顺利。

③过程准备。在团队当中需要了解自己的责任和义务,并且要积极参与审查。在审查过程中发现的大部分缺陷都是在准备期间发现的,而不是实际审查期间中发现的。

④报告编写。审查小组在完成审查以后必须作出审查结果的书面报告总结,并且报告要便于开发小组的阅读和使用。审查的结果必须尽快告诉相关的项目负责人,比如发现了多少问题,问题在哪发现的等。

3. 代码检查常见错误

(1) 数据引用错误

① 变量在使用前未赋值或者初始化。

使用 Java 或者 C/C++ 等进行开发过程中,都要求变量在使用前必须初始化相对应的值,如果变量在使用前没有赋值或初始化则会出现一些错误,比如使用 Java 编写输出使用 for 循环示例,代码如示例代码 5-1 所示。

示例代码 5-1	
1	`package cn.test;`
2	`public class Demo {`
3	`    public static void main (String[] args) {`
4	`        int a;`
5	`        for (int i = 0; i < 5; i++) {`
6	`            a+=1;`
7	`        }`
8	`        System.out.println (" 运行了:"+a);`
9	`    }`
10	`}`

如上述代码使用的是 Java 语言,功能是记录循环次数,第 4 行的变量只是将它定义了出来并没有进行赋值,因此程序将不能得到正确的结果 5,而是直接报错,运行结果如图 5-2 所示。

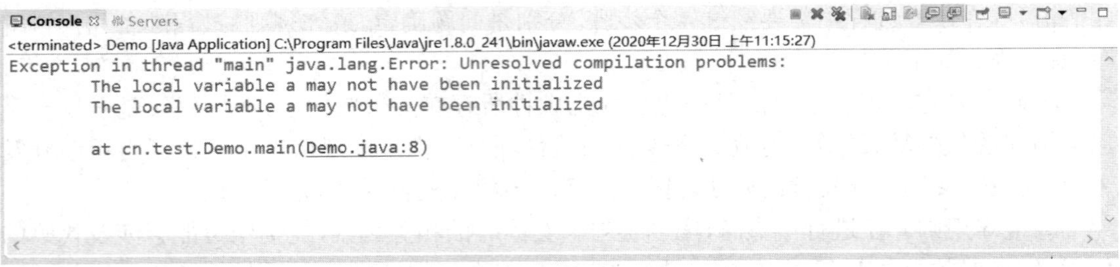

图 5-2　运行结果

　　② 数组使用时越界。

　　在数组的使用过程中,经常会出现数组越界的问题,数组越界即超出数组定义的数组界限。具体情况如示例代码 5-2 所示。

示例代码 5-2
1　　　　package cn.test;
2　　　　public class Demo{
3　　　　　　public static void main(String[] args){
4　　　　　　　　int size = 5;
5　　　　　　　　int[] sum = new int[size];
6　　　　　　　　sum[0]=59;
7　　　　　　　　sum[1]=69;
8　　　　　　　　sum[2]=79;
9　　　　　　　　sum[3]=89;
10　　sum[4]=99;
11　　　　　　　　sum[5]=100;
12　　　　　　　　System.out.println("第一个人的成绩为:"+sum[0]);
13　　　　　　}
14　　　　}

　　如上述代码使用的是 Java 语言,代码所实现的是给每个数组的元素进行赋值,最后输出第一个元素。代码中数组定义的大小为 5,因此相对应的下标为 0~4 共 5 个元素,但是代码中第 11 行对下标 5 的数组元素进行了赋值,属于程序中的数组越界。运行结果如图 5-3 所示。

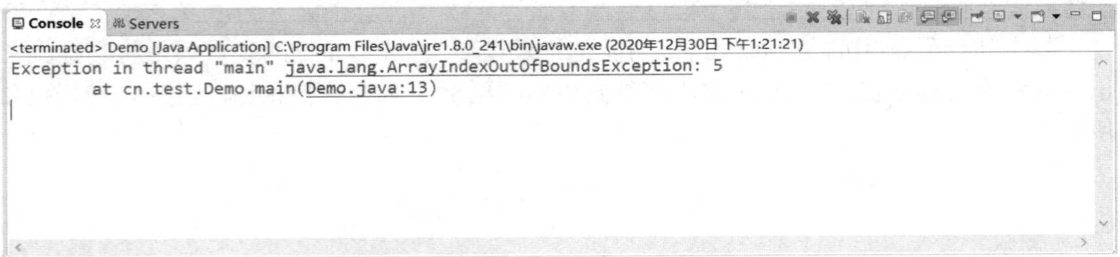

图 5-3　运行结果

（2）数据说明错误

变量未声明错误。

不是所有的语言都需要变量在使用之前进行声明（定义），没有明确的声明变量不一定出现错误，但是这可能会导致一些其他的问题，因此变量在使用之前最好先进行声明。如Java语言在使用变量之前需要先进行声明，如果不进行声明程序就会出现问题，如示例代码5-3所示。

示例代码 5-3
1　　　　package cn.test;
2　　　　public class Demo{
3　　　　　　public static void main（String[] args）{
4　　　　　　System.err.println（"第一名同学的成绩为："+sum）;
5　　　　　　}
6　　　　}

如上述代码使用的是 Java 语言，代码实现的功能是将第一名同学的成绩进行输出，第 4 行代码中使用了 sum 变量，在使用变量之前没有声明变量，导致程序出错，运行结果如图 5-4 所示。

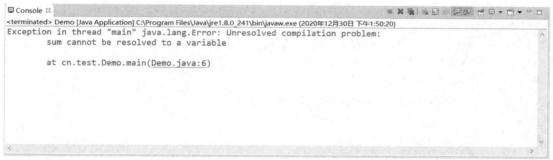

图 5-4　运行结果

（3）运算错误

① 存在非算数变量之间的运算。

非算数运算变量之间的运算如示例代码 5-4 所示。

示例代码 5-4
1　　　　package cn.test;
2　　　　public class Demo{
3　　　　　　public static void main（String[] args）{
4　　　　　　int a = 5;
5　　　　　　String b = "c";
6　　　　　　int sum;

7	sum = a+b;
8	System.out.println（sum）；
9	}
10	}

如上述代码使用的是 Java 语言，第 3 行代码中"a"是 int 类型，第 4 行代码中的"b"为 String 类型，当两个变量相加时，就会出现错误。运行结果如图 5-5 所示。

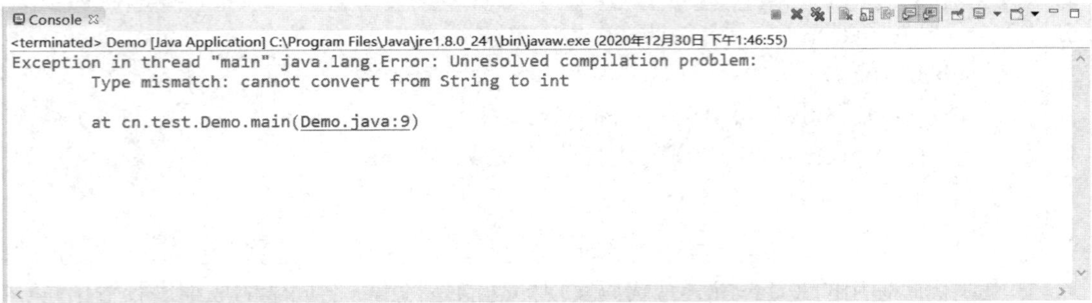

```
Console ✕
<terminated> Demo [Java Application] C:\Program Files\Java\jre1.8.0_241\bin\javaw.exe (2020年12月30日 下午1:46:55)
Exception in thread "main" java.lang.Error: Unresolved compilation problem:
        Type mismatch: cannot convert from String to int

        at cn.test.Demo.main(Demo.java:9)
```

图 5-5　运行结果

② 混合模式的运算。

混合模式的运算，如浮点型、整型、字符型一起运算，如示例代码 5-5 所示。

示例代码 5-5
1. package cn.test;
2. public class Demo {
3. 　public static void main（String[] args）{
4. 　　　int a = 5;
5. 　　　double b = 11.5;
6. 　　　char c = 'a';
7. 　　　int sum = a+b+c;
8. 　　　System.out.println（a+b+c）；
9. 　　}
10. 　}

如上述代码使用的是 Java 语言，代码中第 4 行定义了整型变量 a，第 5 行定义了浮点型变量 b，第 6 行定义了字符型变量 c，将 3 个变量分别赋予初值，并在第 7 行定义了整型变量 sum，对其赋予 a+b+c 的值，运行结果如图 5-6 所示。

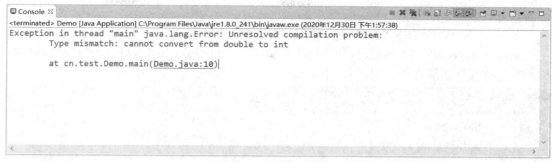

图 5-6　运行结果

（4）比较错误

① 不同类型数据进行比较。

在比较运算中，不同类型数据之间不能进行比较，如日期与数字、字符串与地址等，如示例代码 5-6 所示。

示例代码 5-6
1　　　　package cn.test;
2　　　　public class Demo {
3　　　　　　　public static void main（String[] args）{
4　　　　　　　String a = "abcde";
5　　　　　　　int b = 5;
6　　　　　　　if（a>b）{
7　　　　　　　　　System.out.println(" 两个变量相同 ");
8　　　　　　　　}
9　　　　　　　}
10　　　　}

如上述代码使用的是 Java 语言，代码中第 4 行和第 5 行分别定义了字符串和一个整型变量，将字符串 a 和整型变量 b 进行比较，两个变量类型不相同，引发错误，运行结果如图 5-7所示。

```
Console ⌗                                                        ■ ✖ ✖ ｜ 🔒 🔝 ▣ ▣ ▣ ▣ ｜ 📄 ▣ ▾ 📁 ▾ 🖿 🖿
<terminated> Demo [Java Application] C:\Program Files\Java\jre1.8.0_241\bin\javaw.exe (2020年12月30日 下午2:04:23)
Exception in thread "main" java.lang.Error: Unresolved compilation problem:
        The operator > is undefined for the argument type(s) String, int

        at cn.test.Demo.main(Demo.java:9)
```

图 5-7　运行结果

（5）控制流程错误

① 由于入口区间不满足而从未执行过循环体的情况。

当循环的入口条件不满足时，整个循环体可能一次也不会被执行，进而导致整个循环结构没有发挥任何实质性的作用，实现不了预期结果，如示例代码 5-7 所示。

示例代码 5-7

```
1        package cn.test;
2        public class Demo {
3            public static void main（String[] args）{
4                int a = 0;
5                while（a>0）{
6                    a--;
7                    System.out.println（a）;
8                }
9                System.out.println（" 程序运行结束 "）;
10           }
11       }
```

如上述代码使用的是 Java 语言，其中第 5 行 while 的循环条件为（a>0），但第 4 行 a 的初始值为 0，因此循环并不会被执行，预期结果也不可能实现，运行结果如图 5-8 所示。

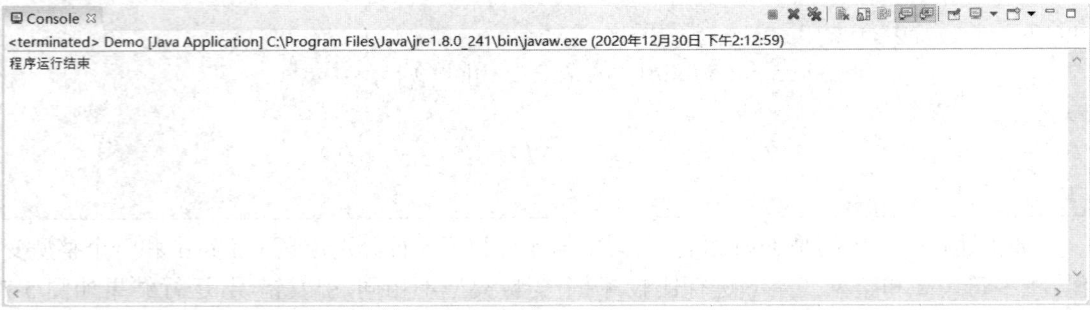

图 5-8　运行结果

②"仅差一个"的循环错误。

此类错误一般出现在迭代数量判断中，最终结果输出了，但输出结果可能并不是预期的结果，正好迭代次数少一次或者多一次，如示例代码 5-8 所示。

示例代码 5-8

```
1        package cn.test;
2        public class Demo {
3            public static void main（String[] args）{
4                int[] a= {1,2,3,4,5,6};
5                int i = 1;
```

```
6                for（; i <6; i++）{
7                   if（a[i]%2==0）{
8                      System.out.println（a[i]+" 是偶数 "）;
9                   }else {
10                     System.out.println（a[i]+" 是奇数 "）;
11                  }
12               }
13            }
14         }
```

如上述代码使用的是 Java 语言,代码的功能是判断第 4 行数组 a 中的奇数和偶数。整个程序运行并不会报错,但是可以发现,第 5 行定义 i=1,所以第 6 行循环的次数是从下标 1 开始的,而数组 a 的下标是从 0 开始的,因此导致少循环一次,少判断一次,运行结果如图 5-9 所示。

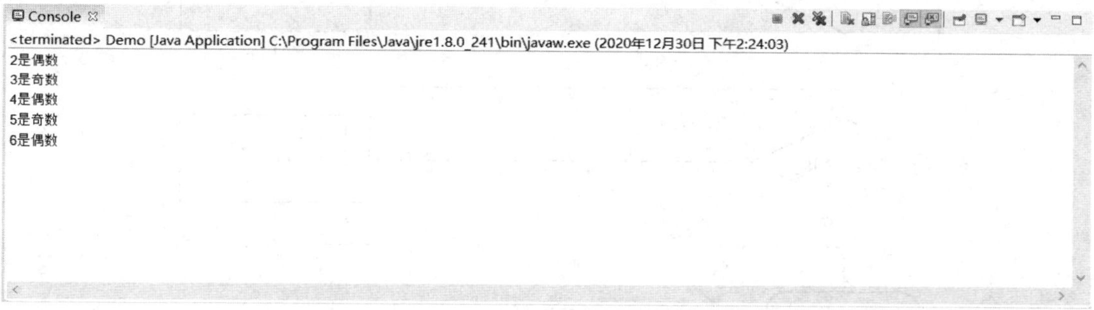

图 5-9　运行效果

技能点三　动态白盒测试

动态白盒测试是以程序的结构为依据,通过对源程序进行测试,实现以程序内部逻辑为基础来设计测试用例。动态白盒测试用例一般使用逻辑覆盖法、循环覆盖法、基本路径测试法、程序插桩法进行相关的设计。

1. 逻辑覆盖

逻辑覆盖是一组覆盖测试方法的总称。这组覆盖方法逐渐进行越来越完整的通路测试。测试数据覆盖程序逻辑的程序可以划分为 6 种方法,从覆盖源程序语句的详细程度进行分析,在逻辑覆盖法中大致又可以分为语句覆盖、判定覆盖、条件覆盖、判定条件覆盖、条件组合覆盖和路径覆盖这些不同的覆盖标准。

（1）语句覆盖

语句覆盖对程序执行逻辑的覆盖率很低,是相对较弱的一种测试标准,在编写测试用例过程中,能够保证程序中每一条语句都至少被执行一次。在使用语句覆盖过程中,语句覆盖不需要了解测试程序的分支情况、测试程序分支判断的输入值以及输入值的组合和程序执行的不同路径。

使用语句覆盖过程中,可以通过源码直观地得到测试用例,无须细分每个判定表达式,但对隐藏在程序中的其他错误无法准确地测试。

语句覆盖的基本思想是:设计足够多的测试用例,运行被测试的程序,使程序的每条可执行语句都至少能够被执行一次。一个被测模块的处理流程图如图 5-10 所示。

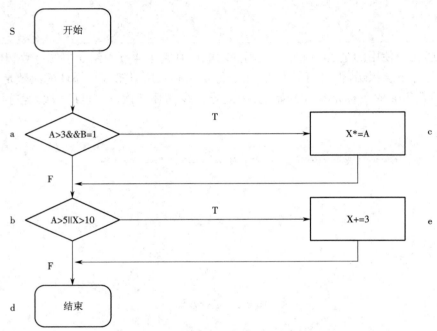

图 5-10　被测试模块的处理流程图

由图可知,程序流程图中有两个判断(a 和 b),每个判断都包含复合条件的逻辑表达式。为了满足语句覆盖,需要将所有的语句最少执行一次,而相对应的路径为 Sacbed,被测模块的测试用例如表 5-2 所示。

表 5-2　语句覆盖测试用例

编号	执行路径	测试用例数据
Test1	Sacbed	A=5,B=1,X=5(X 可以为任意数)

说明:通过测试用例对项目进行测试可知,程序中每条语句都执行了 1 次,但它只是测试了逻辑表达式为"真"的这一种情况,如果将第一个逻辑表达式中的"and"写为"or",或者是把第二个逻辑表达式中将"B=1"写成"B! =1",在用"A=5,B=1,X=5"这一组数据进行测试,就不能发现错误。

(2)判定覆盖(分支覆盖)

在判定覆盖中,程序中每个判定至少有一次为真值,有一次为假值,使得程序中每个分支至少执行一次。

在使用判定覆盖方法时,满足判定覆盖的测试用例一定满足语句覆盖,对整个判定的最终取值(真或假)进行度量,但判定内部每一个子表达式的取值未被考虑。

判定覆盖的基本思想是:为判定覆盖设计足够多的测试用例,然后去运行被测试的程序,不仅使得被测程序中的每条语句都必须至少被执行一次,而且每个判定表达式也必须至少被执行一次判定结果为"真"和"假"的值,从而使得程序中的每一个分支都至少执行了一次。因此判定覆盖又可称为分支覆盖。对于上述例子来说,运用判定覆盖来测试只需要执行 Sacbd 和 Sacbed 这两条路径,即可满足判定覆盖的标准。

例如,选择下面两组测试数据,就可以做到判定覆盖,如表 5-3 所示。

表 5-3　测试数据

编号	执行路径	测试用例数据
Test1	Sacbed	A=5,B=1,X=1
Test2	Sabd	A=2,B=1,X=2

对于多分支的判定,判定覆盖要使得每一个判定表达式都要执行它的两种结果("真"和"假")。判定覆盖要比语句覆盖强,但是其程序逻辑覆盖程度仍然不充分、不完整所以,上述两条测试用例只覆盖了程序全部路径的一半。

(3)条件覆盖

在条件覆盖中,程序的各个判定中的每个条件所有可能的取值至少被执行一次。条件覆盖弥补了判定覆盖的不足,对整个判定的最终取值(真或假)进行度量。

条件覆盖的基本思想是:设计足够多的测试用例,不仅使得每条语句都能够至少被执行一次,而且使得判定表达式中的每个条件都能获得各种所有的结果。

图 5-10 的例子共有两个判定表达式,每个表达式中有两个条件,共有 4 个条件,如表 5-4 所示。

表 5-4　表达式条件

表达式条件			
A>3	B=1	A=5	X>10

要选择足够多的数据,使得图 5-10 中的被测试模块在 a 和 b 两个判定表达式中分别有下述各种结果出现,如表 5-5 所示。

表 5-5　数据填充

条件	1	2	3	4
a 点	A>3	A≤3	B=1	B≠1
条件	5	6	7	8
b 点	A=5	A≠5	X>10	X≤10

以上 a 和 b 两个判定条件可以达到条件覆盖的标准。为满足上述条件要求,选择以下两组测试数据,如表 5-6 所示。

表 5-6 测试数据

编号	测试路径	测试用例数据	满足上述条件
Test1	Sacbed	A=5,B=1,X=11	1,3,5,7
Test2	Sabd	A=3,B=2,X=5	2,4,6,8

可以看出,以上两组测试用例不但满足了条件覆盖的标准,而且也满足了判定覆盖的标准。在这种情况下,条件覆盖比判定覆盖强,但也会有例外的情况。例如,另外选择两组测试数据,如表 5-7 所示。

表 5-7 测试数据

编号	测试路径	测试用例数据	满足上述条件
Test1	Sacbed	A=5,B=1,X=11	1,3,5,7
Test2	Sabed	A=3,B=0,X=11	2,4,6,7

上述的测试用例中只满足了条件覆盖标准,并不满足判定覆盖标准(第二个判定表达式的值为真)。

(4)判定条件覆盖

在判定条件覆盖中,选择足够多的用例,使得运行这些用例时,判定中每个条件的所有可能结果至少出现一次,并且每个判定结果也出现一次。判定条件覆盖综合了条件覆盖和判定覆盖的特点。

判定条件覆盖实际上就是将判定覆盖和条件覆盖两种方法结合起来的一种设计方法。它是判定覆盖和条件覆盖的交集,设计足够多的测试用例,使得判定表达式中的每个条件的所有可能取值至少出现一次,并使每个判定表达式所有可能的结果也至少出现一次。对于图 5-10 的例子来说,下列两组测试数据满足判定条件覆盖标准,如表 5-8 所示。

表 5-8 测试数据

编号	测试路径	测试用例数据	逻辑判定
Test1	Sacbed	A=5,B=1,X=11	a,b 均为真
Test2	Sabd	A=3,B=2,X=5	a,b 均为假

这两组测试用例数据也就是为了满足条件覆盖标准最初选取的两组测试用例数据,因此,有时判定条件覆盖并不比条件覆盖更强。

从表面上来看,判定条件覆盖测试了所有条件的所有可能结果,但实际上却做不到这一点,因为复合条件的某些条件都会抑制其他条件。例如,在含有"与"运算的判定表达式中,

第一个条件为"假",则这个表达式中后边的几个条件均不起作用了。同样地,如果在含有"或"运算的判定表达式中,第一个条件为"真",则后边的其他条件也不起作用了。因此,后边其他的条件即使写错了也测试不出来。

（5）条件组合覆盖

在条件组合覆盖方法中,判定中条件的各种组合都至少被执行一次。同时满足条件组合覆盖的用例一定满足语句覆盖、条件覆盖、判定覆盖和条件判定覆盖。

条件组合覆盖没有考虑各判定结果（真或假）组合情况,不满足路径覆盖,条件组合数量大,设计测试用例的时间花费较多。

条件组合覆盖是比较强的覆盖,基本思想是:设计足够多的测试用例,使得每个判定表达式中的条件的各种可能组合都至少出现一次。对于图 5-10 的例子,两个判定表达式共有 4 个条件,因此有 8 种可能的条件组合,如表 5-9 所示。

表 5-9　条件组合

判定条件	1	2	3	4
A>3 and B=1（a）	A>3,B=1	A>3,B≠1	A≤3,B≠1	A=5,X>10
判定条件	5	6	7	8
A=5 or X>10（b）	A=5,X>10	A=5,X≤10	A≠5,X>10	A≠5,X≤10

要覆盖 8 种条件组合,并不一定需要设计 8 组测试数据,下面 4 组测试用例就可以满足条件组合覆盖标准,如表 5-10 所示。

表 5-10　测试用例

编号	测试路径	测试用例数据	覆盖上述条件
Test1	Sacbed	A=5,B=1,X=5	1,5
Test2	Sabed	A=5,B=0,X=5	2,6
Test3	Sabed	A=3,B=1,X=5	3,7
Test4	Sabd	A=3,B=0,X=5	4,8

从上述测试用例中得出:满足条件判定覆盖的测试用例满足语句覆盖、条件覆盖、判定覆盖和条件判定覆盖。

上述用例未考虑每个判定的真假组合情况（路径覆盖）,程序所有路径没有覆盖。

所有的条件组合覆盖不能保证所有的路径被执行,如果 Sacbd 这条路径被漏掉了,则这条路径有错,也将不能被测出。

（6）路径覆盖

路径覆盖的定义是设计所有的测试用例来覆盖程序中的所有可能的执行路径。对于图 5-10 的例子,选择以下测试用例,覆盖程序中的 4 条路径,如表 5-11 所示。

表 5-11 测试用例

编号	测试路径	测试用例条件
Test1	Sabd	A=3,B=0,X=5
Test2	Sabed	A=3,B=0,X=11
Test3	Sacbd	A=4,B=1,X=5
Test4	Sacbed	A=5,B=1,X=5

我们可以看出,路径覆盖并没有覆盖所有的条件组合覆盖。

通过前面的例子可以看出,采用其中任何一种方法都不能够完全覆盖所有测试用例,因此,在实际的测试用例设计过程当中,我们可以根据需要和不同的测试用例设计特征将不同的方法进行组合,交叉使用。一般以条件组合覆盖为主来设计测试用例,然后再补充部分欠缺的测试用例,这样既能达到路径覆盖的标准,又能实现最佳的测试用例输出。

(7)实例

根据下列 if 和 else 双分支代码,画出对应的流程图并使用逻辑判断中的语句覆盖、判定覆盖、条件覆盖、判定条件覆盖、条件组合覆盖、路径覆盖设计相关测试用例,并且写出测试路径以及预测结果,如示例代码 5-9 所示。

示例代码 5-9
1   START
2   IF(A>0 && B<0)
3   {
4   IF(A+B==0)
5   A=0;
6   Else
7   B=1;
8   }
9   IF(A<=0 || B>=0)
10   {
11   X=A+B;
12   }
13   END

由上述代码可知,当第 2 行 if(A>0 && B<0)执行为真时,执行第 4 行 if(A+B==0),如果第 4 行条件为真,则执行第 5 行 A=0,如果为假则执行第 7 行 B=1;然后继续执行第 9 行 if(A<=0 || B>=0),如果第 9 行执行为真,则执行 X=A+B,程序结束,如果第 9 行执行为假,直接程序结束。当第 2 行 if(A>0 && B<0)为假时,运行第 9 行 if(A<=0 || B>=0),如果第 9 行执行为真,则执行 X=A+B,程序结束,如果第 9 行执行为假,直接程序结束。程序流程图如图 5-11 所示。

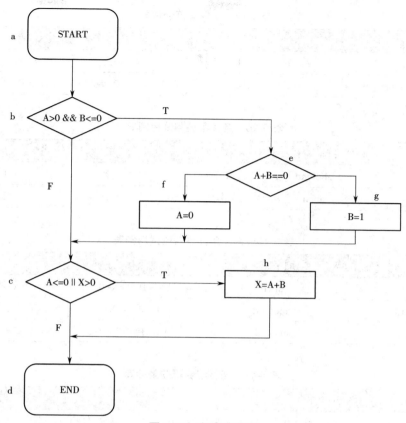

图 5-11 程序流程图

根据流程图分析设计相关测试用例如表 5-12 至表 5-19 所示。

表 5-12 语句覆盖测试用例表

编号	测试路径	测试用例数据	预期结果
Test1	abefchd	A=1,B=−1,X=1	X=−1
Test2	abegchd	A=1,B=−2,X=1	X=1

表 5-13 判定覆盖测试用例表

编号	测试路径	测试用例数据	预期结果
Test1	abcd	A=1,B=1,X=0	X=0
Test2	abefchd	A=1,B=−1,X=1	X=−1
Test3	abegcd	A=1,B=−2,X=0	X=0

表 5-14　条件覆盖条件表

条件表							
1	2	3	4	5	6	7	8
A>0	B<=0	A<=0	B>0	X>0	X<=0	A+B=0	A+B ≠ 0

表 5-15　条件覆盖测试用例表

编号	测试路径	测试用例数据	预期结果	覆盖条件
Test1	abefchd	A=1,B=−1,X=1	X=−1	1,2,5,7
Test2	abcd	A=0,B=1,X=0	X=0	3,4,6,8

表 5-16　判定条件覆盖测试用例表

编号	测试路径	测试用例数据	预期结果
Test1	abcd	A=1,B=1,X=0	b,c 都为假
Test2	abefchd	A=1,B=−1,X=1	b,c,e 都为真
Test3	abegcd	A=1,B=−2,X=0	b,c,e 都为假

表 5-17　条件组合覆盖条件表

判定条件	1	2	3	4
A>0 && B<=0	A>0,B<=0	A<=0,B<=0	A>0,B>0	A<=0,B>0
判定条件	5	6	7	8
A<=0 ‖ X>0	A<=0,X>0	A<=0,X<=0	A>0.X>0	A>0,X<=0
判定条件	9		10	
A+B=0	A+B=0		A+B ≠ 0	

表 5-18　条件组合覆盖测试用例表

编号	测试路径	测试用例数据	覆盖条件
Test1	abefcd	A=2,B=−2,X=0	1,5,9
Test2	abchd	A=0,B=0,X=0	2,6,9
Test3	abefchd	A=2,B=2,X=1	3,7,10
Test4	abcd	A=1,B=2,X=0	4,8,10

表 5-19　路径覆盖测试用例表

编号	测试路径	测试用例数据
Test1	a,b,c,d	A=1,B=2,X=0
Test2	a,b,e,f,c,d	A=2,B=−2,X=0

编号	测试路径	测试用例数据
Test3	a,b,e,g,c,d	A=1,B=-2,X=0
Test4	a,b,e,f,c,h,d	A=1,B=-1,X=1
Test5	a,b,e,g,c,h,d	A=1,B=-2,X=1
Test6	a,b,c,h,d	A=0,B=0,X=0

2. 循环覆盖

在以上讨论的逻辑覆盖技术中,只讨论了程序内部有判定存在的逻辑结构的测试用例设计技术。而循环也是程序的主要逻辑结构,所以从本质上讲,循环测试的主要目的就是检查循环结构的有效性。

通常,循环可以分为 4 类:简单循环、嵌套循环、串接循环和非结构循环。

（1）简单循环

测试简单循环,设 n 为可允许执行循环的最大次数,接下来就可以采用以下的 5 种方式进行测试。

①只循环 0 次。

②只循环 1 次。

③只循环 2 次。

④循环 m 次,$m<n$。

⑤分别循环 $n-1$ 次、n 次和 $n+1$ 次。

（2）嵌套循环

测试嵌套循环,如果将简单循环的测试方法用到嵌套循环当中,可能会使测试次数随着嵌套层数的增加成几何级数量增加。此时就可以采用以下的 4 种方法来减少测试次数。

①测试从最内层的循环开始,所有外层循环的次数值设置为最小值。

②对最内层循环按照简单循环的测试方法进行测试。

③由内向外地进行下一个循环的测试,本层循环的所有外层循环的值仍然取最小值,而由本层循环嵌套的循环取某一些“典型”的值。

④重复上一步的过程,直到所有的测试循环结束。

（3）串接循环

测试串接循环,各个循环互相独立,可以分别采用简单循环的测试方法,也可以采用嵌套循环的测试方法。

（4）非结构循环

遇到非结构循环的情况,无法进行有效的测试,需要按照结构化程序的设计思想,将程序结构化之后,再进行测试。

3. 基本路径测试

基本路径测试方法是在白盒测试中运用最为广泛的测试方法,基本路径测试方法是在程控制流程图的基础上,通过分析和控制构造的环路复杂性来导出基本可以执行的路径的集合,从而可以设计测试用例方法以及数据,而基本路径测试设计出的测试用例要保证每个语句都能至少被执行一次。

在上述逻辑覆盖案例图 5-12 中，只有比较简单的 4 条路经。但在实际问题当中，即使是一个不太复杂的小程序，它的路径也是一个极为庞大的数字，测试人员为了解决这一难题，只好将覆盖的路径数目压缩到一定的可行范围之内。例如，循环的次数可以为一次。

（1）画出控制流图

测试人员将程序流程图映射到一个相应的流图中，在流图中，每一个圆点可以成为流图的结点，结点代表一个或多个语句。程序流程图中的一个方框或者一个菱形都可以映射为一个节点，而流图中的箭头则表示边或者连接，代表一个控制流，类似于程序流程图中的箭头。

在流图中，一条边必须要终止于一个节点，即使该节点不代表任何语句（如 if…else 结构）。流图中由边和节点所组成的限定范围称之为区域。计算区域应当包括外部的区域范围。

例如，图 5-12 所展示的是一个程序流程图，图 5-13 所展示的是程序图。在将程序流程图转换为程序图时要注意一条边必须要终止于一个节点，在选择结构当中的分支汇聚处，即使无语句也应当有汇集的节点，如果判断中的逻辑表达式是复合条件语句，应当分解为一系列只有单个条件的嵌套判断语句。

（2）计算区域复杂度

区域复杂度是一种专门为程序逻辑复杂性提供定量测度的软件度量，将该度量用于计算程序的基本独立路径的数目，目的就是为了确保所有语句至少都能够执行一次的测度数量的上界。

计算区域复杂度有以下 3 种方法。

①流图中区域的数量对应于环型的复杂性（区域：由边和节点封闭起来的区域，计算区域时不要忘记区域外的部分）。

②给定流图 G 的区域复杂度 V(G)，定义为 V(G)=E-N+2，E 是流图中边的数量，N 是流图中结点的数量。

③给定流图 G 的区域复杂度 V(G)，定义为 V(G)=P+1，P 是流图 G 中判定结点的数量。

用以上 3 种方法计算图 5-13 程序流程图的环形区域复杂度 V(G)=4。

（3）线性独立路径

独立路径是根据计算的区域复杂度得出的，图 5-13 的区域复杂度 V(G)=4，也就是说图 5-13 中由 4 条独立路径组成，在这一组独立路径中的任何一条路径都是指和其他的独立路径相比，至少有了一个新的处理语句或者是一个新的判断程序通路。

下面列出了 4 条独立路径。

①路径 1:1 → 11。

②路径 2:1 → 2 → 3 → 4 → 5 → 10 → 1 → 11。

③路径 3:1 → 2 → 3 → 6 → 8 → 9 → 10 → 1 → 11。

④路径 4:1 → 2 → 3 → 6 → 7 → 9 → 10 → 1 → 11。

这 4 条路径共同构成了图 5-12 所示的程序流程图的测试用例的数目。我们只需要保证测试用例能够正确执行，就可以说明程序中相应的源代码和程序逻辑的正确。另外，基本路径不是唯一的,对于给定的程序流程图来说,可以得到不同的基本路径组合。

（4）准备测试用例

为了确保基本路径集中的每一条路径都能够执行,根据判断结点给出的条件,选择适当的数据以保证符合条件并且能够覆盖路径的测试用例数据。其流程图如图 5-12 至图 5-13 所示。

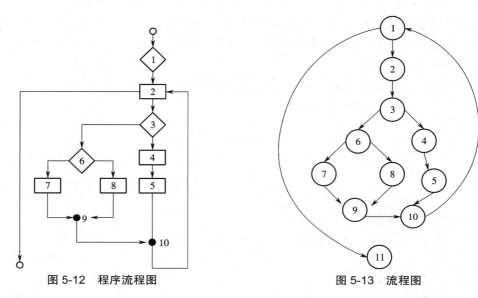

图 5-12　程序流程图　　　　　　　　　图 5-13　流程图

（5）实例

根据下述所给 Java 代码,完成以下要求。

①画出程序流程图。

②求出复杂度并用基本路径测试的方法导出独立路径,为每一条路径设计测试用例,如示例代码 5-10 所示。

	示例代码 5-10
1	void fun（int Num, int Type）
2	{ int x=0, y=1;
3	while（Num>0）{
4	if（Type==0）
5	x=y+2;
6	else{
7	if（Type==1）
8	x=y+5;
9	else
10	x=y+10;
11	}
12	Num--;

13	}
14	printf("%d\n", x+y);
15	}

上述代码中,第 3 行 while 循环条件如果为真,则执行第 4 行 if 判断,第 4 行如果为真,按顺序执行第 5 行、第 12 行,返回第 3 行 while 循环;如果 while 循环为真,第 4 行 if 判断为假,则执行第 6 行 else 语句,else 中包括一对 if 和 else,先判断第 7 行 if 是否为真,为真执行第 8 行,为假执行第 10 行,再执行第 12 行,返回第 3 行 while 循环。如果第 3 行 while 为假则执行第 14 行。

第一步:程序流程图,如图 5-14 至图 5-15 所示。"

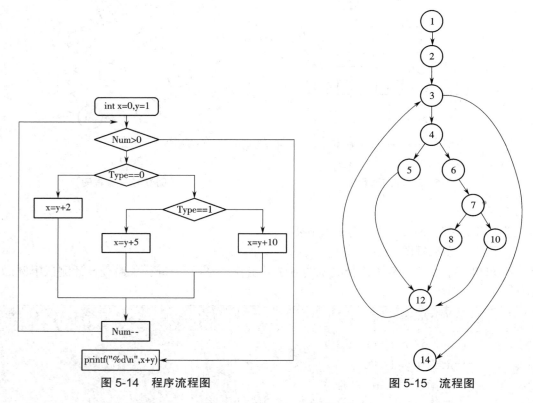

图 5-14　程序流程图　　　　　　　　　　　　图 5-15　流程图

第二步:求出复杂度 V(G)=E−N+2(E 是流图中边的数量, N 是流图中结点的数量)=13−11+2=4。

第三步:测试用例数据表,如表 5-20 所示。

表 5-20　测试用例数据表

独立路径	测试用例数据
1,2,3,14	Num=0, Type=0
1,2,3,4,5,12,3,14	Num=1, Type=0

续表

独立路径	测试用例数据
1,2,3,4,6,7,8,12,3,14	Num=1,Type=1
1,2,3,4,6,7,10,12,3,14	Num=1,Tupe=2

任务一　使用语句覆盖法判断用户输入值为正数

该任务中,用户需要输入两个数,判断用户所输入的数是否为正数,如果为正数则进行相对应的运算,如果为非正数则提示用户输入错误。使用语句覆盖法设计测试用例的代码如示例代码 5-11 所示。

示例代码 5-11

```
1     import java.util.Scanner;
2     public class bhcs {
3         public static void main（String[] args）{
4             int a = 1, b = 2, c = 3, d = 50;
5             double y = -1;
6             Scanner sc = new Scanner（System.in）;
7             System.out.println（" 请输入两个正整数:"）;
8             int x, k;
9             boolean flag = true;
10            x = sc.nextInt（）;
11            k = sc.nextInt（）;
12        if（x <= 0）{
13            flag = false;
14                System.out.println（"x 为非正数 "）;
15            }
16        if（k <= 0）{
17                flag = false;
18                System.out.println（"k 为非正数 "）;
```

19	}
20	if（flag）{
21	if（x >= a && x < b）{
22	y = Math.log（x * k）/ Math.log（10）;
23	System.out.println（"y=" + y）;
24	} else if（x >= b && x < c）{
25	y = Math.pow（x, k）;
26	System.out.println（"y=" + y）;
27	} else if（x >= c && x < d）{
28	y = Math.pow（x, 1.0 / k）;
29	System.out.println（"y=" + y）;
30	}
31	} }
32	}

上述代码中第 4 行到第 11 行是定义所需要的数据并且提示用户需要输入的数据，第 12 行 if 如果为真，则执行第 12 行和第 14 行代码，如果为假则执行第 16 行 if 判断，如果第 16 行 if 判断为真，则执行第 17 行和第 18 行代码，如果为假，则执行第 20 行 if 判断，第 21 行至第 27 行代码以此类推。流程图如图 5-16 所示。

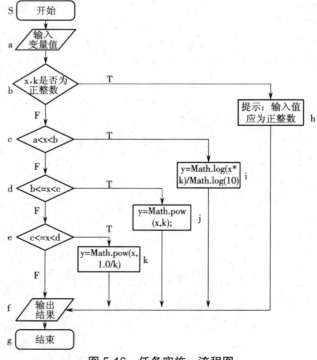

图 5-16   任务实施一流程图

语句覆盖测试用例表如表 5-21 所示。

表 5-21 语句覆盖测试用例表

编号	测试用例数据	测试用例路径
Test1	X=51, k=51	Sabcdefg
Test2	X=1, k=1	Sabcifg
Test3	X=2, k=2	Sabcdjfg
Test4	X=3, k=3	Sabcdekfg
Test5	X=−1, k=−1	Sabhfg

任务二　使用动态白盒测试判断用户输入值为整数

在该任务中,用户需要输入两个数,判断用户所输入的数是否为整数,如果为整数则进行相对应的运算,如果为非整数则提示用户输入错误。其操作过程如示例代码 5-12 所示。根据下述 Java 代码完成以下要求。

①画出程序流程图。

②使用语句覆盖法设计测试用例。

③使用判定覆盖法设计测试用例。

④使用条件覆盖法设计测试用例。

⑤使用判定条件覆盖法设计测试用例。

⑥使用条件组合覆盖法设计测试用例。

⑦使用路径覆盖法设计测试用例。

示例代码 5-12

```java
1    import java.util.Scanner;
2    public class bhcs5 {
3        public static void main(String[] args) {
4            Scanner sc = new Scanner(System.in);
5            System.out.println("请输入两个整数:");
6            int a, b, k = 2;
7            double x = -1;
8            try {
9                a = sc.nextInt();
10               b = sc.nextInt();
11               if(a > 5 && b < 10) {
12                   x = k * Math.pow(a, 2) * b;
```

13	System.out.println("x=" + x);
14	} else if (b == 0 && a > 0) {
15	x = Math.sqrt(a + k);
16	System.out.println("x=" + x);
17	} else {
18	x = Math.pow((a + b + k), 5);
19	System.out.println("x=" + x);
20	}
21	} catch (Exception e) {
22	System.out.println("输入内容不是整数");
23	}
24	}}

在上述代码中第 4 行到第 11 行是定义所需要的数据并且提示用户需要输入的数据，首先判断第 12 行 if 是否为真，为真则执行第 13 和第 14 行，为假则执行第 15 行 else if，如果第 15 行为真，则执行第 16 行和第 17 行，为假则执行第 18 行 else 中的第 19 行和第 20 行的代码。流程图如图 5-17 所示。

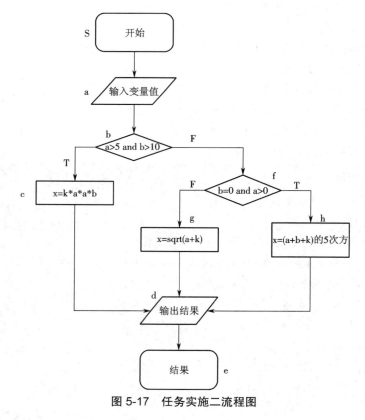

图 5-17　任务实施二流程图

测试用例表如表 5-22 至表 5-28 所示。

表 5-22　语句覆盖测试用例表

编号	测试用例数据	测试用例路径
Test1	a=6,b=11	Sabcde
Test2	a=4,b=0	Sabfhde
Test3	a=0,b=0	Sabfgde

表 5-23　判定覆盖测试用例表

编号	测试用例数据	测试用例路径
Test1	a=6,b=11	Sabcde
Test2	a=4,b=0	Sabfhde
Test3	a=0,b=0	Sabfgde

表 5-24　条件覆盖测试用例表

编号	测试用例数据	测试用例路径
Test1	a=6,b=11	Sabcde
Test2	a=4,b=0	Sabfhde
Test3	a=0,b=0	Sabfgde

表 5-25　判定条件覆盖测试用例表

编号	测试用例数据	测试用例路径
Test1	a=6,b=11	Sabcde
Test2	a=4,b=0	Sabfhde
Test3	a=0,b=0	Sabfgde

表 5-26　条件组合覆盖

条件			
1	2	3	4
a>5,b>10	a<=5,b>10	a>5,b<=10	a<=5,b<=10
5	6	7	8
b=0,a>0	b $\neq$ 0,a>0	b=0,a<=0	b $\neq$ 0,a<=0

表 5-27　条件组合覆盖测试用例表

编号	测试用例数据	测试用例路径	满足条件
Test1	a=6,b=11	Sabcde	1,6
Test2	a=0,b=11	Sabfgde	2,8

编号	测试用例数据	测试用例路径	满足条件
Test3	a=6,b=0	Sabfgde	3,5
Test4	a=0,b=0	Sabfgde	4,7

表 5-28　路径覆盖测试用例表

编号	测试用例数据	测试用例路径
Test1	a=6,b=11	Sabcde
Test2	a=4,b=0	Sabfhde
Test3	a=0,b=0	Sabfgde

任务三　使用基本路径测试法求出复杂度

在该任务中,用户需要输入两个整数,判断用户所输入的数是否为整数,如果为整数,则对用户所输入的整数进行相对应的运算,如果为非整数则报错。其操作过程如示例代码 5-13 所示。

	示例代码 5-13
1	import java.util.Scanner;
2	public class bhcs8 {
3	public static void main(String[] args) {
4	Scanner sc = new Scanner(System.in);
5	System.out.println(" 请输入两个数:");
6	int x, y, K = 2;
7	x = sc.nextInt();
8	y = sc.nextInt();
9	double j = -1;
10	if(x > 60 && y < 35) {
11	j = K * x - y;
12	System.out.println("j=" + j);
13	} else if(x == 25 && y > 50) {
14	j = y * Math.log(x + K);
15	System.out.println("j=" + j);
16	} else {
17	j = (x - y) * (Math.pow(K, 2) % 7);
18	System.out.println("j=" + j);

| 19 | } |
| 20 | }} |

在上述代码中第 4 行到第 9 行是定义所需要的数据并且提示用户需要输入的数据,首先判断第 10 行 if 是否为真,为真则执行第 11 和第 12 行,为假则执行第 13 行 else if,如果第 13 行为真,则执行第 14 行和第 15 行代码,为假则执行第 16 行 else 中的第 17 和第 18 行代码。流程图如图 5-18 至图 5-19 所示。

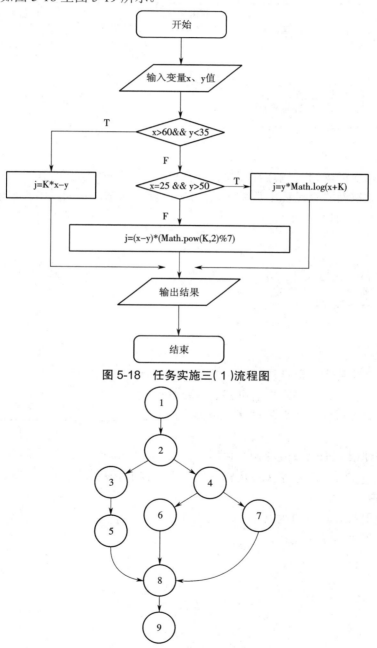

图 5-18　任务实施三(1)流程图

图 5-19　任务实施三(2)流程图

环形复杂度为 9-8+2=3，有 3 条路径，如表 5-29 所示。

表 5-29　路径测试用例表

编号	测试用例数据	测试用例路径
Test1	x=65，y=30	1,2,3,5,8,9
Test2	x=25，y=55	1,2,4,7,8,9
Test3	x=20，y=40	1,2,4,6,8,9

通过对本项目的学习，了解到白盒测试的概述及其测试方法，学习了静态白盒测试中其代码检查的方式以及检查过程中常见的错误，并掌握了动态白盒测试中逻辑覆盖、循环覆盖以及基本路径测试的使用。

一、填空题

1. _____又称为功能性测试。

2. _____就是进行静态白盒测试的主要过程。

3. 代码在审查过程中需要经过 4 个步骤，分别是_____、_____、_____、_____。

4. 变量在使用前未赋值或者初始化属于_____错误。

5. _____是对程序执行逻辑的覆盖率低，相对较弱的一种测试标准。

二、简答题

1. 简述使用白盒测试的优点。

2. 循环覆盖可用哪 4 类？

项目六　性能测试

通过本项目的学习,了解性能测试的目的,重点学习性能测试的流程、性能测试工具以及性能测试工具的使用,具有使用性能测试工具完成性能测试的能力。在学习过程中:

● 了解性能测试时需要注意的事项。

● 掌握性能测试的指标以及种类。

● 掌握性能测试的执行流程。

● 掌握 LoadRunner 的使用。

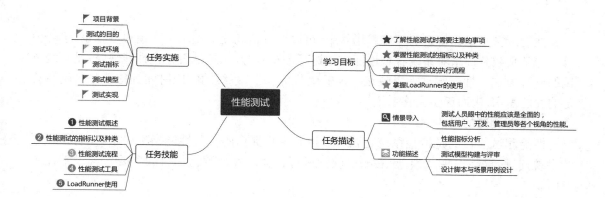

【情境导入】

　　测试人员作为软件质量控制环节中的一个重要角色,不仅仅要评测 Bug,还需要对整个软件的质量负责,性能也属于质量的一部分,因此测试人员眼中的性能应该是全面的,包括用户、开发、管理员等各个视角的性能。

【功能描述】

- ● 性能指标分析。
- ● 测试模型构建与评审。
- ● 设计脚本与场景用例设计。

技能点一　　性能测试概述

　　性能测试是指在特定的环境和场景中,可以通过自动化的测试工具模拟多种正常、峰值以及异常负载条件来对系统各项性能指标进行测试,评判系统是否存在性能缺陷,是系统测试的一种方法。性能测试是反映在一定的负载情况下,系统的响应时间等特性是否满足特定的性能需求,进而逐步完善系统。

1. 性能测试的目的

　　性能测试的目的是检验系统是否可以达到用户提出的一些性能指标要求,如若发现系统出现问题,性能出现瓶颈,应立即对软件进行优化。性能测试的目的主要包含以下几个方面。

　　（1）评估系统的能力

　　如果系统未做过任何性能测试,对系统的当前性能情况不够了解,可以通过性能测试得到系统整体的评估情况。

（2）寻找性能瓶颈、优化性能

通俗来说就是找出系统性能未达到指定需求的地方并进行调优,例如某业务操作响应时间长或者是某系统上线一段时间运行得越来越慢,此时就需要逐步对系统进行定位分析,寻找性能的瓶颈并立即做出系统调优。

（3）验证稳定性以及可靠性

将一个系统在一定的负荷下执行测试一定的时间,这是评估系统的稳定性以及可靠性是否满足要求的唯一办法。

2. 性能测试注意事项

（1）性能测试应尽可能早地进行

与测试功能一样,越早测试越容易发现问题并修复问题。

（2）性能测试需要团队支持

当系统遭遇瓶颈,需要对其进行优化时,开发部门、运维以及相关部门应开展合作讨论,提出方案进行系统优化。

（3）性能测试需要独立的测试环境

性能测试的环境相对功能测试的环境有更严格的要求,需要独立的网络和硬件环境来保证被测系统是独立可控的,甚至需要专门的管理员和流程对被测环境进行控制。需要注意的是,当建立测试系统环境时,首先要保证服务器与客户端在同一局域网下,以此避免网络因素成为性能测试的瓶颈。

（4）测试前定义明确的测试目标

如若进行性能测试,首先需要了解该系统需要测试的功能以及测试问题,其次需要了解哪些因素会对该系统的性能测试结果产生影响以及了解需要的测试环境。

技能点二　性能测试的指标以及种类

1. 性能测试的指标

性能测试主要是测试项目某个功能的执行效率是否达到预期。比如测试在线办公系统的用户登录功能,即测试用户登录的响应时间和是否能够正常登录。一个软件性能的好坏是通过性能测试的指标来界定的,性能测试的常用指标有响应时间、吞吐量、服务器资源占用、并发用户数、每秒查询率等,具体如下。

（1）响应时间（Response time）

响应时间是系统对用户请求做响应所需要的时间,是反映系统处理效率的指标。在客户/服务器环境中通常是由客户方测量响应时间。响应时间通常随负载的增加而增加,除此之外还包括中间件,比如服务器或数据库的处理时间。客户端向服务器发送请求,服务器响应客户端的请求并把数据传送给客户端,如图 6-1 所示。

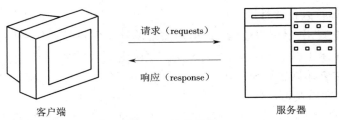

请求（requests）

响应（response）

客户端   服务器

图6-1　信息响应

（2）吞吐量（Throughput）

吞吐量是单位时间内能够处理的事务条目，是衡量软件系统服务器的处理能力的重要指标。一般情况下，系统单位时间内处理的数据越多，其负载能力就越强。

（3）服务器资源占用（Resource utilization）

服务器资源占用是反映系统能耗的重要指标，服务器中的资源占有率越低，说明系统越好。资源并不仅仅指运行系统的硬件，而是指支持整个系统运行程序的一切软硬件平台。在性能测试中，需要实时监控系统在负载下的硬件和软件上各种资源的占用情况，例如CPU的占有率、内存使用率、cache命中率等。

（4）并发用户数（Concurrent users）

并发用户数是指系统在同一时间可以承载的正常使用系统功能的用户数量，包括请求和访问用户的数量，在评估性能好坏的过程中，并发数量越大，对性能影响越大，同时用户数量越大，越可能会导致系统响应时间变慢，系统不稳定等。

（5）每秒查询率（Hits per second）

每秒查询率是对一个特定的查询服务器在规定时间内所处理流量多少的衡量标准。每秒的响应请求数，也就是最大吞吐能力。

2. 性能测试的种类

性能测试是一个综合的概述，它包含一种或多种分类，任何一个具体的分类都属于性能测试。根据性能测试种类的特点，一般情况下把性能测试分为基准测试、负载测试、压力测试、配置测试、并发测试、稳定性测试等，具体如下。

（1）基准测试

在一定的软硬件及网络条件下，模拟单用户访问请求一种或多种业务，产出基准性能数据，并为多用户并发测试和综合场景测试等性能分析提供参考依据。本测试的重点是基于单一用户得出的数据结论。

（2）负载测试

负载测试是通过模拟实际软件系统所承受的负载条件，测试系统性能的变化，并最终确定在满足系统的性能指标的情况下，系统所能够承受的最大负载量的测试。

（3）压力测试

压力测试也称强度测试，一般通过逐步增加系统的负载，测试系统性能的变化，并最终确定是在何种压力条件下能够使系统某些资源达到饱和或系统崩溃的边缘。压力测试与负载测试不同的是压力测试是让系统性能处于失效状态，甚至达到崩溃；而负载测试只是系统在满足性能指标的情况下的最大承受的负载量。

（4）配置测试

配置测试是通过对被测试软件的软硬件配置以及环境进行测试调整,了解各种不同配置对系统性能影响的程度,从而找到系统各项资源的最优分配原则。同时可以和其他类型的性能测试联合应用,从而为系统提供重要依据。

（5）并发测试

并发测试是通过模拟用户并发访问,测试多个用户同时访问同一个应用、同一个模块或者数据记录时是否存在死锁（多个进程在运行过程中因争夺资源,而无法进行下一步操作）或者其他性能问题,几乎所有的性能测试都会涉及一些并发测试。

（6）稳定性测试

稳定性测试也称可靠性测试,在给系统加载一定的业务压力（模拟用户真实的业务压力）的情况下,使其运行一段时间（如 24 小时、3×24 小时或 7×24 小时来模拟长时间）后,检查系统是否稳定。因为只有在长时间运行的情况下,才能够测试出系统是否有内存泄漏等一系列问题。

技能点三　　性能测试流程

性能测试与普通的功能测试不尽相同,性能测试的一般测试流程如图 6-2 所示。

图 6-2　性能测试的一般测试流程

1. 分析性能测试需求

性能测试需求分析是整个性能测试工作的基础,如果测试需求不明确,那么整个测试过程都毫无意义。在性能测试需求分析阶段,测试人员需要收集与项目相关的各种资料,并且与开发人员进行相应的沟通,待对整个项目有一定的了解后,对需要进行性能测试的模块进行分析,确定测试目标。

例如,若客户要求的软件产品的登录功能响应时间不能超过 5 s,则需要明确在有多少用户量情况下,响应时间不超过 5 s。那么,对于刚上线的产品来说,用户量并不多,但在一段时间之后,用户量可能会剧增。那么在性能测试时是否要测试产品的高并发访问情况,以及高并发访问下的响应时间。对于这些情况,性能测试人员必须要清楚客户的真实需求,消除不明确的因素,做到更加专业。

对于性能测试来说,测试需求分析是一个较为复杂的过程,不仅需要测试人员具有深厚的理论基础,还需要测试人员具备一定的实践经验。

2. 制订性能测试计划

性能测试计划是性能测试工作的重中之重,整个性能测试的执行都要按照制订的测试计划来实施。在性能测试计划中,核心内容主要包括以下几个方面。

①确定测试环境:环境包括物理环境、生产环境以及测试团队可以利用的工具和资源等。

②确定性能验收标准:确定测试模块的响应时间、吞吐量、资源利用总目标和限制。

③设计测试场景:对产品所包含的业务、用户所使用的场景进行一定的分析,设计符合用户使用习惯的场景,整理出一个业务场景表,为编写测试脚本提供相关依据。

④准备测试数据:就是模拟用户在现实的使用场景中需要准备数据。例如,模拟用户高并发,需要准备用户数量、工作时间以及测试时间等。

3. 设计性能测试用例

性能测试用例就是根据测试的场景为测试所准备的数据。例如,模拟用户高并发,可以分别设计 50 用户并发数量、500 用户并发数量等。除此之外,还需要考虑用户活跃时间、访问频率以及场景交互等各种情况。而测试人员则可以根据测试计划中的业务场景表设计足够多的测试用例以使测试覆盖达到最大。

4. 编写性能测试脚本

当测试用例编写完成之后,测试人员就可以编写测试脚本了。测试脚本是测试人员设定的虚拟用户具体要执行的操作步骤,使用脚本执行测试免去了手动执行测试的麻烦,并且降低了手动执行测试的错误率。

在编写测试脚本时,要注意以下几点。

①正确选择协议,脚本所使用的协议一定要与被测软件所使用的协议保持一致,否则脚本不能正确录制与执行。

②性能测试工具一般可以自动生成测试脚本,测试人员也可以手动编写测试脚本,而且测试脚本可以使用多种语言(Java、Python 等)编写。

③编写测试脚本时,要遵循代码编写规范,保证代码质量,并且测试人员最好做好脚本的维护管理工作。

5. 测试执行及监控

在此阶段,测试人员按照测试计划来执行测试用例,并且对测试过程进行严格监控,记录各项数据的变化。在性能测试执行的过程中,应当注意以下几点。

①性能指标:此次性能测试要测试的性能指标的变化,如响应时间、吞吐量、并发用户数量等等。

②资源占用与释放:性能测试执行时,CPU、内存、磁盘、网络等的使用情况。性能测试停止以后,各项资源是否能够正常释放以供后续业务使用。

③警告信息:一般软件系统在出现问题时会发出一些警告信息,当有警告信息时,测试人员要及时查看。

④日志检查:在进行性能测试时,测试人员要经常分析系统日志,包括操作系统、数据库等。

⑤性能测试的监控对性能测试结果分析、软件的缺陷分析都起着非常重要的作用。

6. 运行结果

在性能测试完成以后,测试人员需要手动整理测试数据并对数据进行分析,将测试的数据与客户要求的性能指标进行对比,如果不满足客户的性能要求,需要进行性能调优然后重新测试,直到产品的性能满足客户的要求为止。

7. 提交性能测试报告

在性能测试完成以后需要编写性能测试报告,阐述性能测试的目标、性能测试的环境、性能测试的测试用例和脚本的使用情况、性能测试结果及在测试过程中遇到的问题和解决方法等。软件产品不会只进行一次性能测试,因此性能测试报告需要备份保存,作为下次性能测试的参考。

技能点四　性能测试工具

性能测试可以通过软件模拟多个用户执行业务流程、实现监控等内容,业界常用的、比较成熟的性能测试工具有 LoadRunner、JMeter 等。

1. LoadRunner

LoadRunner 是一款适用于各种体系架构的性能测试工具,它能够预测系统的行为并能够优化系统性能,其工作原理是通过模拟一个多用户(虚拟用户)并行工作的环境对应程序进行负载测试。

在进行负载测试时,LoadRunner 能够使用最少的硬件资源为模拟出来的虚拟用户提供一致的、可重复并可度量的负载,在测试的过程中,还可以监控用户想要的数据和参数。测试完成后 LoadRunner 可以自动生成分析报告,给用户提供软件产品所需要的性能信息。LoadRunner 软件有以下特点。

①广泛支持业界标准协议。

②支持多种平台开发的脚本。

③可创建真实的系统负载。

④具有强大的实时监控与数据采集功能。

⑤可以精确分析结果,定位软件问题。

LoadRunner 是一种预测系统行为和性能,更快地确认和查找问题的测试工具。通过模拟上千万用户实施并发负载及实时性能监测的方式来确认和查找问题,同时还能够对整个企业架构进行测试。它还支持多协议,如 Web(HTTP/HTML)、Windows、Sockets、FTP 等。此款软件可以拥有多用户(支持数量单位为万)详细的报表分析以及支持 IP 欺骗,但是它同时是一款收费软件,具有体积庞大、无法进行功能定制等缺点。

2. JMeter

JMeter 是 Apache 组织开发的基于 Java 的压力测试工具,主要用于对软件做压力测试,它最初被设计用于 Web 应用测试,但后来扩展到其他测试领域。除此之外它还可以用于测试静态和动态资源,如静态文件、Java 小服务程序、CGI 脚本、Java 对象、数据库,FTP 服务器等。JMeter 可对服务器、网络或对象模拟巨大的负载,用于测试它们在不同压力类别下的强度和分析整体性能。另外，JMeter 能够对应用程序做功能 / 回归测试，通过创建带有断言的脚本验证程序是否返回了期望的结果。为了最大限度地保证灵活性，JMeter 允许使用正则表达式创建断言。

　　Apache JMeter 可以用于对静态和动态的资源（文件，Servlet，Perl 脚本，java 对象，数据库和查询，FTP 服务器等等）的性能进行测试。它可以用于对服务器、网络 或对象模拟繁重的负载来测试它们的强度或分析不同压力类型下的整体性能，还可以使用它做性能的图形分析或在大并发负载测试服务器 / 脚本 / 对象。

技能点五　　LoadRunner 使用

1. LoadRunner 安装

　　LoadRunner 有很多版本，目前最新版本为 12.60，具有功能完善、支持更多的浏览器、支持网络虚拟等优点，因此选用 LoadRunner12.60 进行安装。

　　第一步：登录 LoadRunner 官网，下载 LoadRunner 安装包。在此需要注意的是，在下载之前需要进行注册，填入相关信息，注册登录后即可下载。注册的页面如图 6-3 所示。

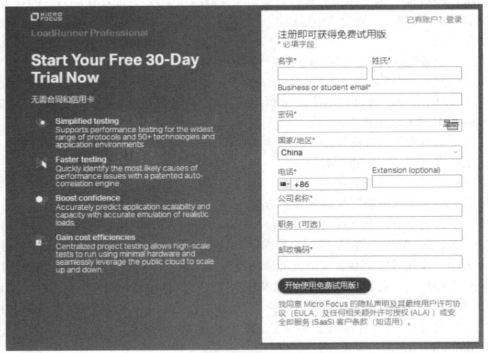

图 6-3　注册界面

　　第二步：注册完成以后，下载 LoadRunner 安装包解压后进行安装，点击安装文件（.exe 结尾），弹出如下图所示的路径选择对话框，点击"Browser"按钮选择路径，设置好路径后点击"Install"按钮进行安装,如图 6-4 所示。

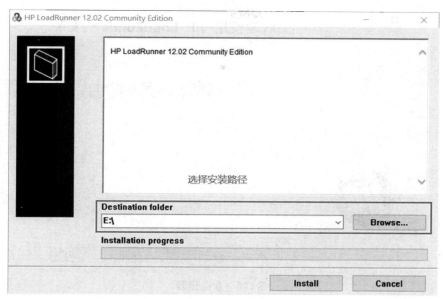

图 6-4　设置安装路径

第三步:在安装的过程中,程序会自动弹出 LoadRunner 的其他附属程序,点击"确定"按钮进行安装即可,如图 6-5 所示。

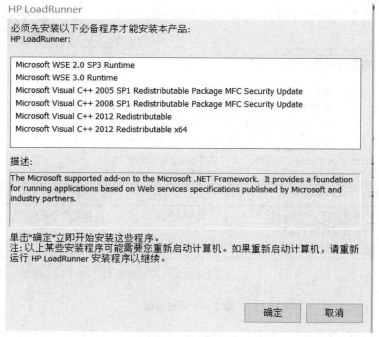

图 6-5　安装附属程序

第四步:附属程序安装完成以后,点击"下一步"按钮,如图 6-6 所示。

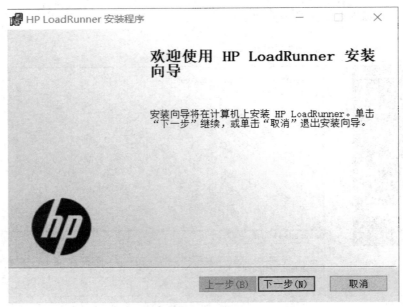

图 6-6 欢迎界面

第五步：点击"我接收许可协议中的条款"复选框，更改文件夹的存放路径，如图 6-7 所示。

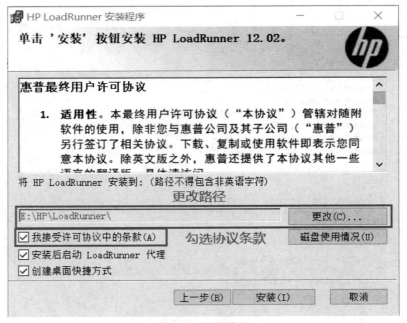

图 6-7 同意协议

第六步：安装完成以后，进入身份验证设置，点击"下一步"按钮，如图 6-8 所示。

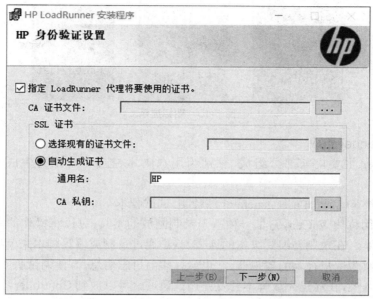

图 6-8 身份验证

第七步：取消勾选"指定 LoadRunner 代理将要使用的证书"复选框，点击"下一步"按钮，效果如图 6-9 所示。

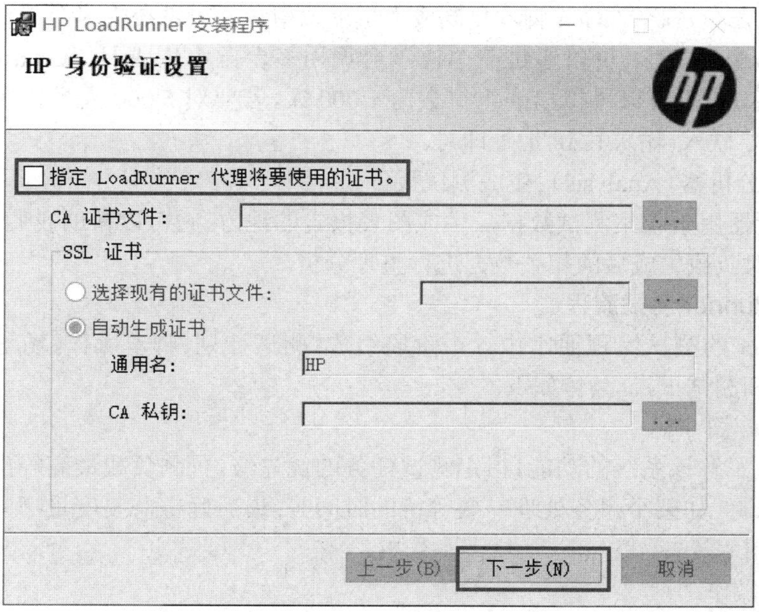

图 6-9 取消代理

第八步：安装完成以后，桌面出现如图 6-10 所示的图标。

图 6-10　图标显示

2. LoadRunner 组成

LoadRunner 主要由 4 部分组成,分别为用户脚本、控制台、压力生成器以及结果分析器。

（1）用户脚本（Virtual user generator）：录制、调试脚本

用户脚本简称为 VuGen,它是一种基于录制回放的工具,可以将操作的步骤录制下来,自动转化为脚本。在录制与编写脚本的地方,就是通过录制或编写脚本来模拟用户的行为,同时也可以理解为用户行为的模拟器,它也会打印出日志信息,方便调试脚本。VuGen 也是一种集成开发环境,在这里完成脚本开发并调试通过就可以放到 Controller 中创建场景。

（2）控制台（Controller）：设置场景参数,管理虚拟用户

控制台主要对性能测试的场景进行设计以及对软件系统数据进行监控,控制台本身无法形成负载,它只是简单的一个设计工具。

（3）压力生成器（Load Gengerator）：形成系统负载

压力生成器负责将 VuGen 脚本复制成大量虚拟用户并对系统生成负载,但是由于生成的负载一般数量比较大,可以通过一个控制台调用多台压力生成器。Load generator 就是PC,例如一台虚拟机可以模拟出的用户数为 1 000 人,若要对 5 000 人进行在线测试,则可以将其他的 PC 联入,输入其 IP 地址即可。

（4）结果分析器（Analysis）：生成测试报告

结果分析器用于收集测试数据后生成图表报告的地方,它可以帮助我们分析数据并生成图片,方便对负载生成后的相关数据进行整理分析。

3. LoadRunner 测试流程

Loadrunner 的测试流程通常由 6 个阶段组成:测试计划、脚本操作、场景设置、场景运行、结果分析和测试报告,具体如下。

（1）测试计划

首先应该了解该系统的功能,指定测试任务的优先级,预测负载最高峰出现的情况;其确定测试的目标,如某个事务处理需要等待的时间等;最后确定需要度量哪些性能参数,例如 CUP 的使用率等。

（2）脚本操作

在 LoadRunner 的组件中,首先需要创建脚本,通过生成的脚本查看记录的日志,具体步骤如下。

①创建脚本。

首先选择组件 VuGen（创建／编辑脚本）,新建脚本时选择需要的目标协议进行创建,当测试系统包含多个协议时,要选择新建多协议脚本和目标协议,之后点击“开始录制”按

钮,输入被测系统的 URL,如果被测系统不兼容 IE,需要修改相应配置,在录制的程序栏选择支持浏览器.exe 执行程序的绝对路径。在录制的过程中通过插入事务和集合点等方法完善测试脚本,以此来增强脚本的灵活性。

②回放脚本。

当点击"确定"按钮脚本录制完成时,会自动生成脚本,点击"运行"按钮,即可回放脚本查看是否正确。在此需要注意的是,虽然可以使用 VuGen 自动生成脚本,但是它会包含很多"杂质"。例如网页加载超时、重复点击某个按钮等,这些操作都会被录制到脚本当中,造成脚本冗余等。在回放脚本的查看结果窗口中含有四类日志文件。

Replay Log(回放日志)。它用于存放脚本回放时 LoadRunner 记录的日志信息,包括客户与服务器之间的通信日志和 HTML 源码,以及录制时的快照信息等,但该日志的内容取决于 log 选项中扩展日志选项的设置情况。

Recording Log(录制日志)。它是录制脚本时产生的日志,主要是客户端和服务端通信时的一些交互信息。

Correlation Results(关联结果)。它是当脚本需要关联时,在回放脚本过程中记录录制和回访时需要的一些交互信息。

Generation Log(生成日志)。它是脚本生成时产生的日志。

【实例】打开 LoadRunner,实现办公管理系统脚本录制。

第一步:打开用户脚本(Virtual user generator),点击"Create a New Script",选择"Web-HTTP/HTML"协议进行脚本创建,效果如图 6-11 所示。

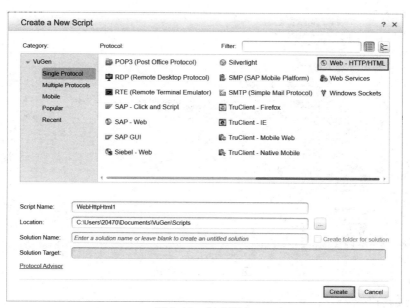

图 6-11　创建脚本

第二步:点击"Create"按钮,效果如图 6-12 所示,选择 IE 浏览器安装地址和被测网址 URL,点击"Start Recording"按钮进行录制。

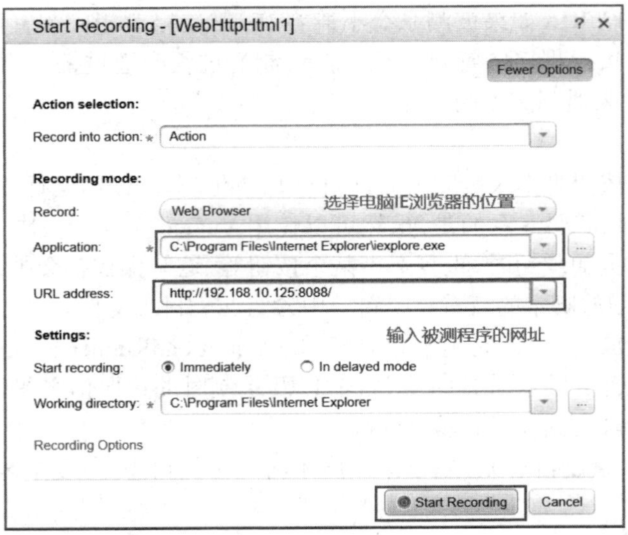

图 6-12　开始录制

第三步：LoadRunner 工具自动进行网页跳转，输入相应的账号、密码以及验证码，登录进入页面之后，再进行退出操作，最后停止录制，自动生成脚本，效果如图 6-13 所示。

图 6-13　脚本生成

（3）场景设置

场景设置主要是模拟大量用户进行相关的操作，在 LoadRunner 中，主要使用 Controller 控制器组件进行，分为手动设计场景和面向目标场景。

手动设计场景（Manual Scenario）最大的优点是能够更灵活地按照需求来设计场景模型，使场景更好地接近用户的使用状态。一般情况下使用手动场景设计方法来设计场景。

面向目标场景（Goal Oriented Scenario）是测试性能是否能达到预期的目标，在能力规划和能力验证的测试过程中经常使用。

【实例】使用 LoadRunner 对办公系统进行两种场景的设置。

第一步：打开被测程序的脚本录制程序，选择"Tools"下拉列表下的场景设置，如图 6-14 所示。

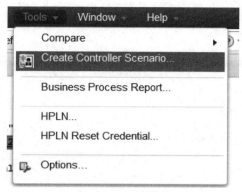

图 6-14 场景设置

第二步：首先进行自动场景设置，设置完成以后点击"OK"按钮即可，如图 6-15 所示。

图 6-15 自动场景设置

第三步：程序会自动打开 Controller 组件，出现如图 6-16 所示界面，自动设置场景就完成了。

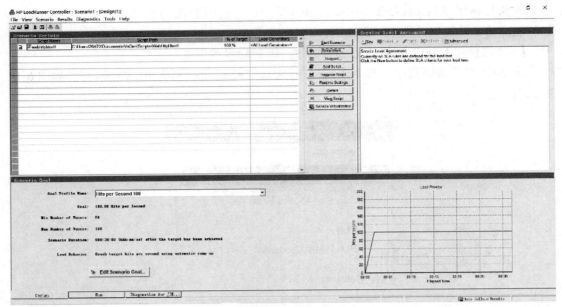

图 6-16　自动场景设置完成

第四步：将自动场景设置选择成手动即可，如图 6-17 所示。

图 6-17　手动场景设置

第五步：程序会自动打开 Controller 组件，出现如图 6-18 所示界面，手动设置场景就完成了。

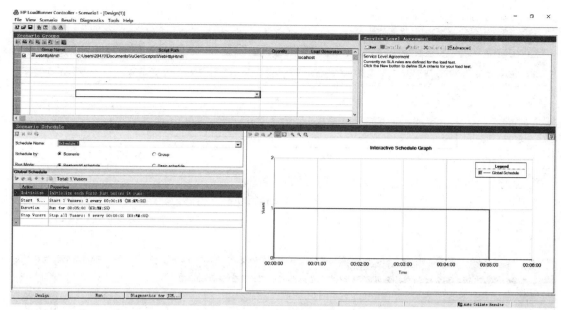

图 6-18 手动场景设置完成

（4）场景运行

在测试执行时，需要先对单个脚本单个用户执行，以获得基准数据，然后再按照设定好的场景运行。在场景执行的过程中，需要监视各个服务器的运行情况，如响应时间、吞吐量、资源利用率等。

【实例】设置虚拟用户数量。手动设置场景，虚拟用户数量设置为 10，点击场景计划中的"Edit Action"按钮，对其进行设置，然后点击"OK"按钮即可，如图 6-19 所示。

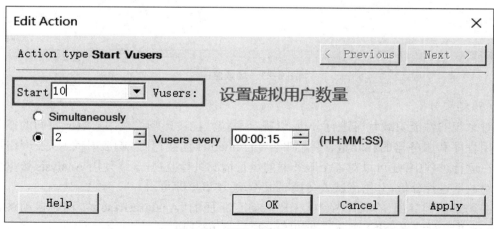

图 6-19 设置虚拟用户数量

点击框中的按钮，场景开始运行并对其进行监控，如图 6-20 和图 6-21 所示。

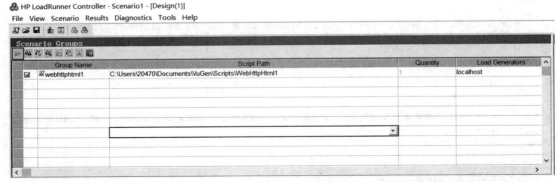

图 6-20　开始执行场景

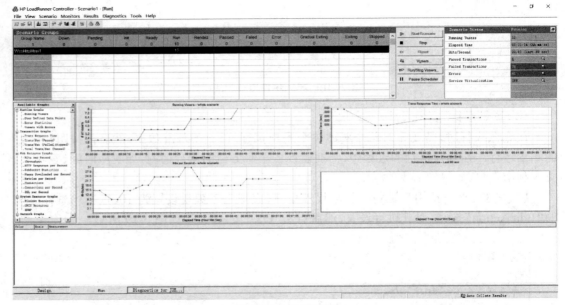

图 6-21　场景监控

（5）结果分析

对系统的性能负载状况进行分析，以提高系统性能。影响终端用户响应时间的瓶颈包括应用程序和服务器的吞吐量、终端到终端的 Internet 连接速度（响应时间）以及网络堵塞等。在运行过程中，还可以对各个服务器的运行情况进行监视，最终使用 Analysis 数据分析工具对数据进行分析，并由测试人员撰写报告，通过审核即可。

在场景监控界面，在菜单栏中点击"Result"下面的"Analyze Result"，程序自动跳转到 Analyze，并进行结果分析，部分结果如图 6-22 和图 6-23 所示。

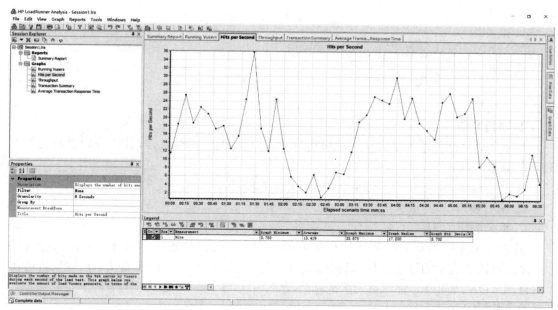

图 6-22　每秒点击量

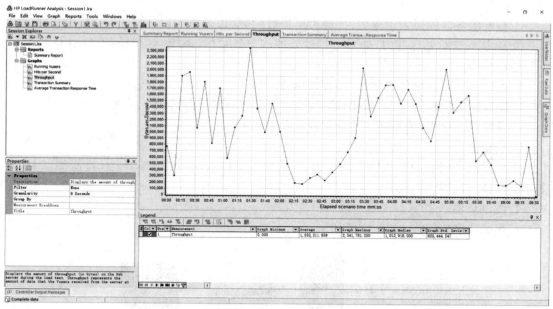

图 6-23　吞吐量

1. 项目背景

OA 自动化办公系统是公司对职员进行工作日程安排、考勤管理、公告查询以及文件管理等的管理系统,它具有以下特点。

①功能众多,并且可以 7×24 小时运行(稳定)。

②使用频繁,访问量大。

③系统的压力大。

此次对 OA 自动化办公系统进行压力测试的目的就是验证应用服务器的最大处理能力,评估系统能达到的性能指标,确保系统可以高效稳定地运行。详细测试全过程报告可在"附件四　OA 协同办公管理系统测试总结报告"中查看。

2. 测试的目标

本次性能测试主要模拟用户对 OA 自动化办公系统产生的压力。本次测试的主要目的如下。

①获取服务器的最大承受力,如最大用户数(负载以及压力)。

②获取系统的处理能力,如系统每秒处理的事务数量、系统响应时间等(利用 Analysis 工具进行分析)。

③获取系统处理事务有效性,如在大压力下事务的成功率(可靠性)。

④验证系统的稳定性,如系统长时间运行下系统资源等是否出现异常情况。

⑤发现性能瓶颈,为后期性能调优提供参考依据。

3. 项目范围

用户通过访问页面带来巨大的压力,并给服务器以及中间件带来压力(本次测试中,数据库不在监控范围内)。

4. 测试环境

①测试环境的架构,如图 6-24 所示。

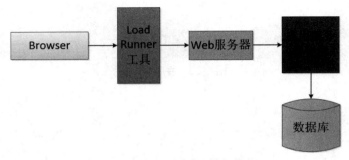

图 6-24　测试环境架构

②环境配置,如表 6-1 和表 6-2 所示。

表 6-1　环境硬件配置

系统名称	主机	数量	型号	资源	操作系统
OA 自动化办公系统		1		CPU：2 C 内存：8 G	Window10

表 6-2　环境软件配置

系统名称	操作系统	数据库	中间件	应用数量
OA 自动化办公系统	Window10	Oracle	LoadRunner	1

5. 测试指标

测试指标如表 6-3 所示。

| Summary Report | Running Vusers | Hits per Second | Throughput | Transaction Summary | Average Transa...Response Time |

Analysis Summary

Period: 2021/1/18 15:27 - 2021/1/18 15:31

Scenario Name: Scenario1
Results in Session: C:\Users\Y\Desktop\xingnengceshi\demo2\res\res.lrr
Duration: 4 minutes and 39 seconds.

Statistics Summary

Maximum Running Vusers:		50
Total Throughput (bytes):	⊘	131,154,324
Average Throughput (bytes/second):	⊘	468,408
Total Hits:	⊘	3,402
Average Hits per Second:	⊘	12.15	**View HTTP Responses Summary**

You can define SLA data using the SLA configuration wizard

You can analyze transaction behavior using the Analyze Transaction mechanism

Transaction Summary

Transactions: Total Passed: 226 Total Failed: 0 Total Stopped: 0　　**Average Response Time**

Transaction Name	SLA Status	Minimum	Average	Maximum	Std. Deviation	90 Percent	Pass	Fail	Stop
Action Transaction	⊘	1.067	34.193	52.93	16.178	48.474	126	0	0
vuser_end Transaction	⊘	0	0	0	0	0	50	0	0
vuser_init Transaction	⊘	0	0	0	0	0	50	0	0

Service Level Agreement Legend:　✔ Pass　☒ Fail　⊘ No Data

HTTP Responses Summary

HTTP Responses	Total	Per second
HTTP_200	2,394	8.55
HTTP_302	1,008	3.6

表 6-3　测试指标

大类	指标项	指标量值	备注
系统响应时间	最高响应时间	—	52.93 s
最大并发用户数	最大并发用户数	—	50
成功率	成功率	98%	100%
基础数据量	基础数据量	100 000 000	131 154 324
CPU	最大 CPU 资源利用率	<85%	70%
内存	内存使用率	<85%	70%

6. 测试模型

业务模型使用目标用户模型,并根据反馈的业务数据,使用混合场景业务模型,如表 6-4 所示。

表 6-4　混合场景业务模型

系统	序号	业务名称	总比例	业务比例	生产高峰 TPS
OA 自动化办公系统	1	系统管理流程:控制面板→系统管理→类型管理→新增→系统管理信息→保存	100	30%	8 310 719 600
	2	打卡上班流程:控制面板→点击打卡上班→弹出网址对话框→确定		70%	131 154 324

7. 测试实现

OA 自动化办公系统混合负载测试实现如表 6-5 所示。

表 6-5　测试实现

场景 1	OA 自动化办公系统混合负载测试
场景描述: ① 30 个用户循环执行测试用例脚本(阶段性增加并发用户); ② 每 5 s 增加 5 个用户	
测试用例: 系统管理流程(30%)	
运行模式: 运行 3 min	
退出模式: 运行完成马上退出	

第一步:打开 Virtual user generator 软件,选择"File"下面的联级菜单中的"New Script and Solution",进行脚本创建,如图 6-25 所示。

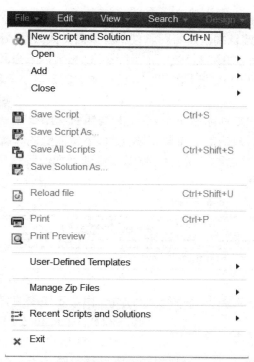

图 6-25　创建脚本

在弹出的脚本创建窗口中选择"Web（HTTP\HTML）"协议，如图 6-26 所示。

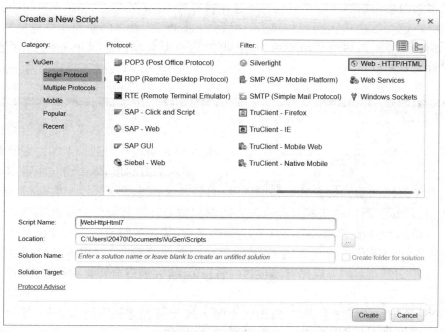

图 6-26　设置协议

第二步：录制操作。点击菜单栏中的按钮，弹出如图 6-27 所示的对话框，在"Application"中填入 IE 浏览器在文件夹中的位置,在"URL address"中填入被测程序的网址,点击"Start Recording"按钮开始录制。

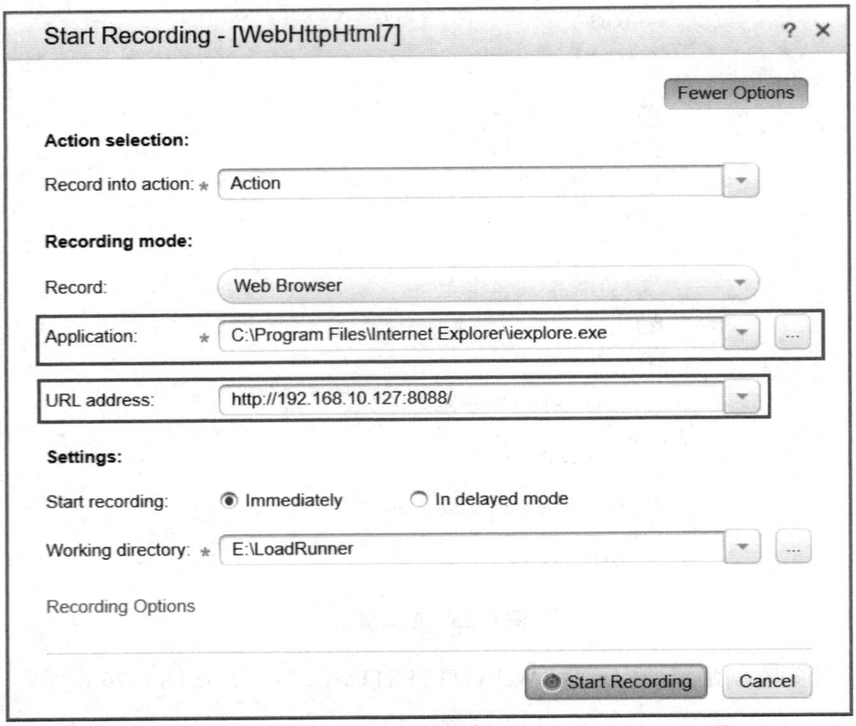

图 6-27　开始录制

第三步:脚本运行,脚本录制完成之后,进行脚本回放,点击如图 6-28 中的框中的按钮,脚本会自行进行回放。

图 6-28　录制的脚本

第四步:创建脚本场景。对脚本进行场景设置,选择菜单栏中的"Tools"的联级菜单下的"Create Controller Scenario"进行设置,如图 6-29 所示。

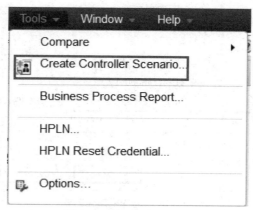

图 6-29　创建 Controller

在弹出的如图 6-30 所示的对话框中进行设置。点击"Manual Scenario"单选钮进行手动设置场景，并创建 30 个虚拟用户，点击"OK"按钮，Controller 控制器软件会被自动打开。

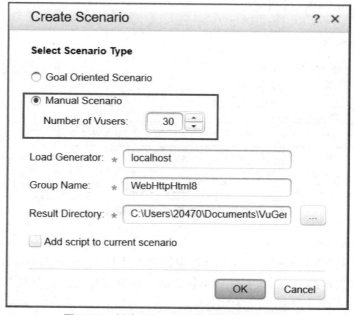

图 6-30　创建 Controller 并选择最大用户数

第五步：设置脚本场景参数。设置脚本运行时的参数，可以逐时地添加用户或者停止用户，能有效地模拟用户访问情况，这一步骤分为 4 个小步骤设置，具体操作如下。

（1）设置用户初始化方式

打开 Controller 控制器后，找到"Scenario Schedual"场景计划进行虚拟用户的初始化，选中第一行的"Action"，点击菜单栏中的第二个按钮"Edit Action"，弹出"用户初始化方式"对话框，如图 6-31 所示，选择第三个按钮，逐个设置用户初始化方式。

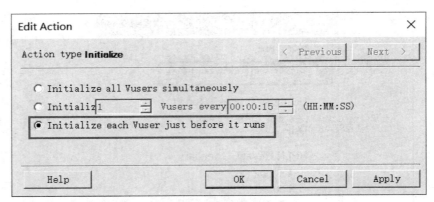

图 6-31　选择初始化方式

（2）设置 Start Vusers

选中第二行的"Start Vusers"，点击菜单栏中的第二个按钮"Edit Action"，弹出"启动虚拟用户"对话框，如图 6-32 所示，设置 30 个虚拟用户，用户方式为每隔 5 s 启动 5 个用户工作，设置完成后点击"OK"按钮即可。

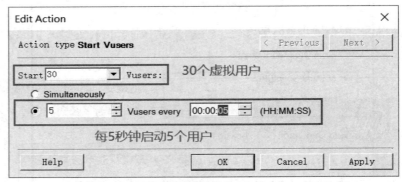

图 6-32　设置 Start Vusers

（3）设置 Duration

选中第三行的"Duration"，点击菜单栏中的第二个按钮"Edit Action"，弹出"运行时间设置"对话框，如图 6-33 所示，设置程序运行 5 min，设置完成后点击"OK"按钮即可。

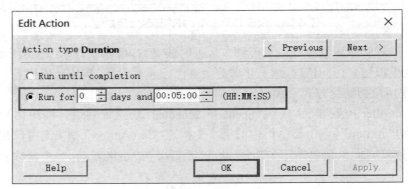

图 6-33　设置 Duration

（4）设置 Stop Vusers

选中第三行的"Stop Vusers"，点击菜单栏中的第二个按钮"Edit Action"，弹出"停止虚拟用户的方式"对话框，如图 6-34 所示，选中"Simultaneously"按钮，即立即停止的方式。

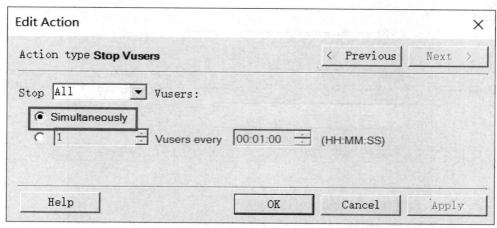

图 6-34 设置停止方式

第六步：启动测试。点击框中的按钮，进行场景执行即可，如图 6-35 所示。

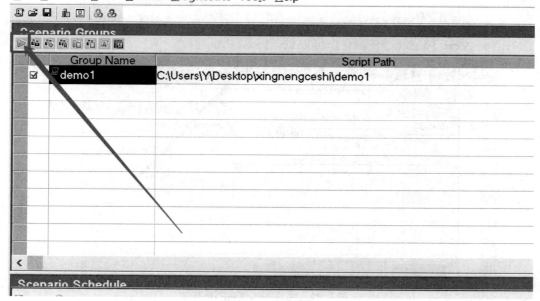

图 6-35 启动测试

场景运行成功的效果如图 6-36 所示。

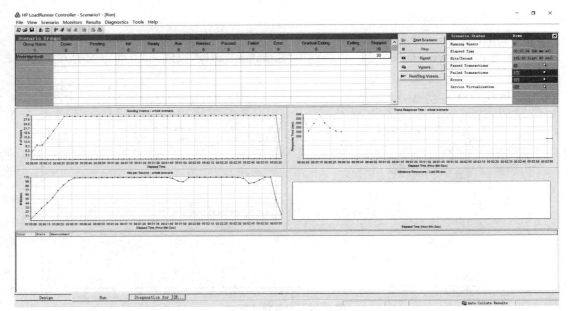

图 6-36　启动成功

　　第七步：生成测试报告。场景执行完成以后，选择菜单栏中"Result"下拉列表框的"Analyze Results"，生成 Analysis 测试报告，Analysis 结果分析器软件会被自动打开，如图 6-37 所示。

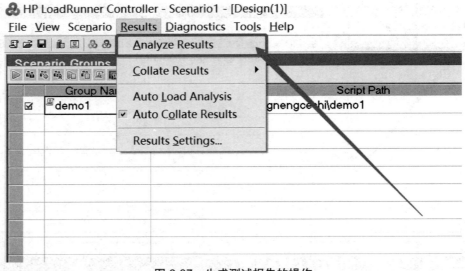

图 6-37　生成测试报告的操作

　　待加载完成以后出现如图 6-38 所示的界面，即为测试报告生成成功。

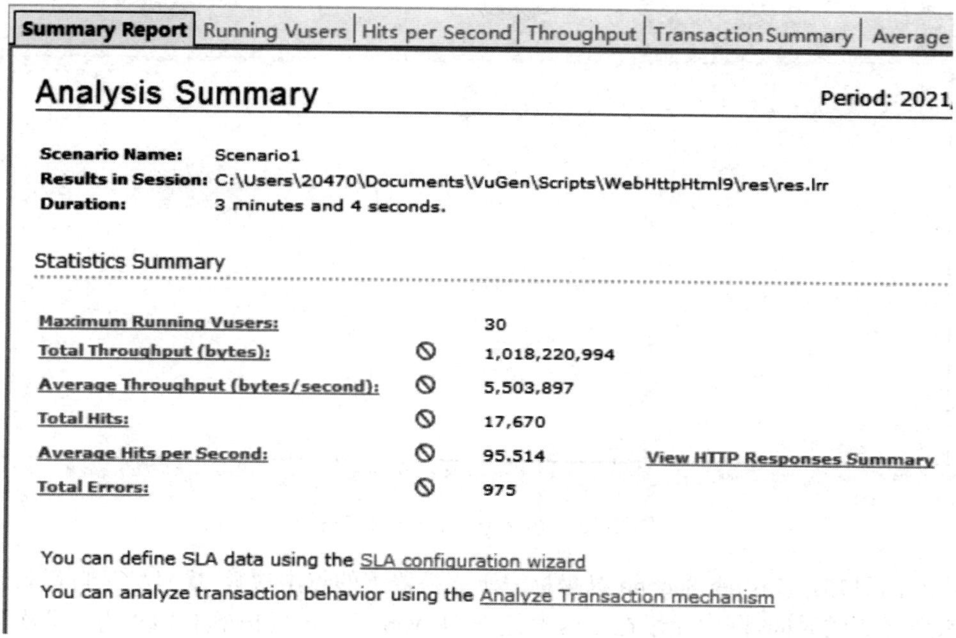

图 6-38　报告完成

图 6-39 展示的是 30 个用户负载测试的总结报告,下面对此报告进行详细的介绍。
① Running Vusers(并发用户数)的图表分析。

图 6-39　用户数量

由图 6-39 可知,Running Vusers 纵坐标为用户数,横坐标为时间,可以看到大约每 5 s 启动 5 个用户,启动到 30 个用户之后,这 30 个用户进行并发操作, 3 min 后同时结束并发操作,基本上与最初的场景预设一致。如若此场景与最初预设场景不一致,可能是负载机连接不正确,这样可能会使最后的结果报告产生误差。
② Hits per Second(每秒点击次数)的图表分析,如图 6-40 所示。

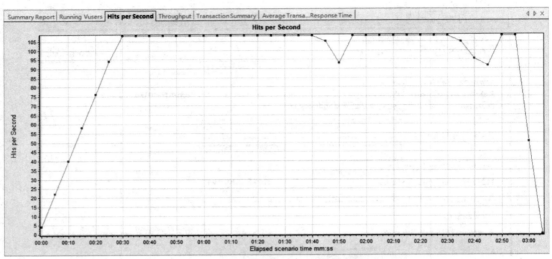

图 6-40 每秒点击次数的图表分析

由上图可知，Hits per Second 纵坐标表示服务器上的点击次数，横坐标是自场景开始运行以来所经历的时间，图中显示在 30 s 时用户向 Web 服务器发出的 HTTP 的请求次数为最高，随后保持平稳，1 分 50 和 2 分 44 时，请求次数降低，大约在 2~4 s 内回升到请求次数最高的位置，证明此系统在用户为 30 的时候向 Web 服务器发出的 HTTP 的请求良好。

③ Throughput（吞吐量）的图表分析，如图 6-41 所示。

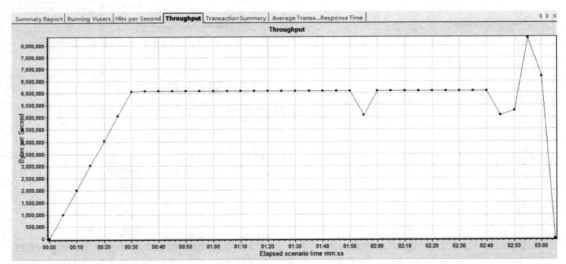

图 6-41 吞吐量的图表分析

由上图可知，Throughput 纵坐标表示服务器的吞吐量（字节），横坐标表示自场景开始运行以来经过的时间。在此发现，此图与 Hits per Second（每秒点击次数）的图表大致是一样的，但是吞吐量的数据图滞后于每秒点击次数图标，这是因为服务器先进行请求再进行响应，然而吞吐量则是服务器进行的响应，所以会有数据滞后。

2 分 55 秒时，吞吐量最大，值为 8 310 719 600 字节，但是在第 55 s 的时候点击次数没有上升到最大,说明此系统响应时间过长,需要进行修复。

　　OA 自动化办公系统混合负载并发测试实现如表 6-6 所示。

表 6-6　测试实现

场景 2	OA 自动化办公系统混合负载并发测试
场景描述: ① 100 个用户同时运行执行测试用例脚本(并发用户); ② 测试系统的并发量	
测试用例: 打卡上班流程(70%)	
运行模式: 运行 3 min	
退出模式: 运行完成立马退出	

　　第一步:重新创建脚本,并进行到录制步骤。使用账号、密码登录系统,进入系统以后进行打卡签到,点击如图 6-42 所示红框标注时间进行打卡签到。进行连续两次的上班打卡和下班打卡,完成之后结束录制。

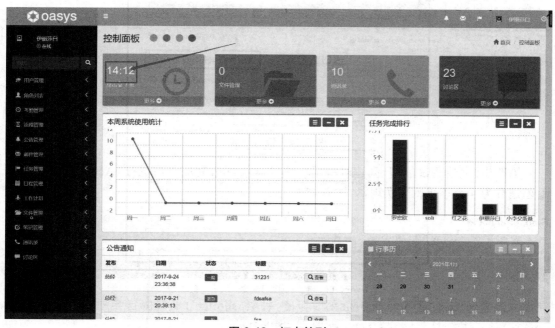

图 6-42　打卡签到

　　第二步:录制完成以后创建脚本,脚本界面如图 6-43 所示。

```
demo2 : Replay Summary        demo2 : Action.c  ✕

16        "Snapshot=t3.inf",
17        ITEMDATA,
18        "Name=userName",  "Value=18683688154",  ENDITEM,
19        "Name=password",  "Value=123456",  ENDITEM,
20        "Name=code",  "Value=9MWL",  ENDITEM,
21        EXTRARES,
22        "Url=/bootstrap/fonts/glyphicons-halflings-regular.eot?",  "Referer=http://192.168.10.127:8088/index",  ENDITEM,
23        "Url=/littlecalendar",  "Referer=http://192.168.10.127:8088/test2",  ENDITEM,
24        "Url=/countweeklogin",  "Referer=http://192.168.10.127:8088/test2",  ENDITEM,
25        "Url=/counttasknum",  "Referer=http://192.168.10.127:8088/test2",  ENDITEM,
26        LAST);
27
28    lr_think_time(55);
29
30    web_url("singin",
31        "URL=http://192.168.10.127:8088/singin",
32        "Resource=0",
33        "RecContentType=text/html",
34        "Referer=http://192.168.10.127:8088/test2",
35        "Snapshot=t4.inf",
36        "Mode=HTML",
37        LAST);
38
39    lr_think_time(5);
40
41    web_url("singin_2",
42        "URL=http://192.168.10.127:8088/singin"
```

图 6-43　录制生成脚本

第三步：运行回放，点击"Replay"按钮，出现如图 6-44 所示的结果即为成功。

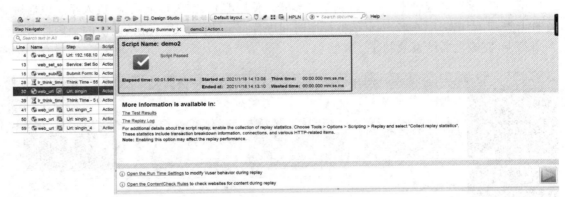

图 6-44　运行回放

第四步：创建测试模型，创建时将用户数量输入 100，完成以后进行"Action"的配置，这里还是分为 4 个小步骤去实现，如图 6-45 所示。

```
Global Schedule
🗁 📄 ✎ ✖ ↑ ↓ | 🗐 | Total: 100 Vusers

   Action       Properties
 ▶ Initialize   Initialize each Vuser just before it runs
   Start ...     Start 100 Vusers: 2 every 00:00:15 (HH:MM:SS)
   Duration     Run for 00:05:00 (HH:MM:SS)
   Stop Vu...    Stop all Vusers: 5 every 00:00:30 (HH:MM:SS)
 ·
```

图 6-45　设置 Action

①设置 Initialize。

在这里需要选择第一个"Initialize all Vusers simultaneously"单选钮，初始化时直接启动所有用户，如图 6-46 所示。

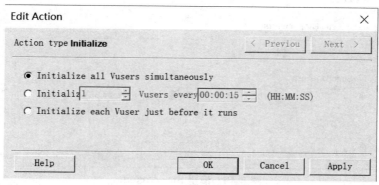

图 6-46　设置 Initialize

②设置 Start Vusers。

在这里需要选择"Simultaneously"，启动所有用户，如图 6-47 所示。

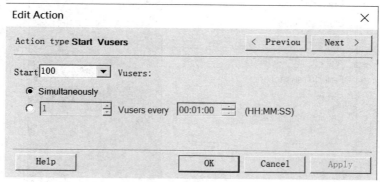

图 6-47　设置 Start Vusers

③设置 Duration。

在这里需要选择访问时长为 3 min，如图 6-48 所示。

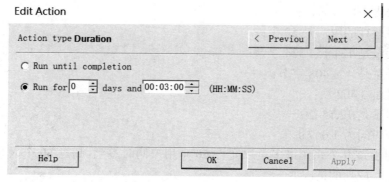

图 6-48　设置 Duration

④设置 Stop Vusers。

在这里需要选择每 5 s 停止 5 个用户，如图 6-49 所示。

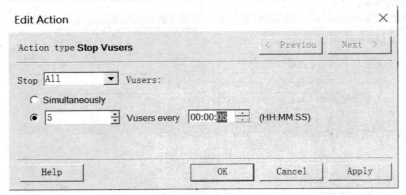

图 6-49　设置 Stop Vusers

第五步：开始测试，点击"开始按钮"即可开始测试，如图 6-50 所示。

Scenario Status	Running	
Running Vusers	50	
Elapsed Time	00:02:44 (hh:mm:ss)	
Hits/Second	24.83 (last 60 sec)	
Passed Transactions	100	
Failed Transactions	0	
Errors	50	
Service Virtualization	OFF	

图 6-50　测试运行中

第七步：查看测试结果，并分析。点击"Result"按钮生成测试报告，测试报告总览如图 6-51 所示。

从测试报告中可以看出：

同时最多运行的用户是 50 个；

最大吞吐量是 131 154 324 字节；

平均吞吐量是 468 408 字节；

总点击量是 3 402 次；

平均点击量是 12.15 次；

最小响应时间为 1.067 s。

由此可得出该办公系统最多可以允许 50 个用户同时签到，超过 50 个人时可能会出现卡顿或者签到不成功的情况。

| Summary Report | Running Vusers | Hits per Second | Throughput | Transaction Summary | Average Transa...Response Time |

Analysis Summary

Period: 2021/1/18 15:27 - 2021/1/18 15:31

Scenario Name:　Scenario1
Results in Session:　C:\Users\Y\Desktop\xingnengceshi\demo2\res\res.lrr
Duration:　4 minutes and 39 seconds.

Statistics Summary

Maximum Running Vusers:		50
Total Throughput (bytes):	⊘	131,154,324
Average Throughput (bytes/second):	⊘	468,408
Total Hits:	⊘	3,402
Average Hits per Second:	⊘	12.15　　**View HTTP Responses Summary**

You can define SLA data using the SLA configuration wizard

You can analyze transaction behavior using the Analyze Transaction mechanism

Transaction Summary

Transactions: Total Passed: 226 Total Failed: 0 Total Stopped: 0　　**Average Response Time**

Transaction Name	SLA Status	Minimum	Average	Maximum	Std. Deviation	90 Percent	Pass	Fail	Stop
Action Transaction	⊘	1.067	34.193	52.93	16.178	48.474	126	0	0
vuser_end_Transaction	⊘	0	0	0	0	0	50	0	0
vuser_init_Transaction	⊘	0	0	0	0	0	50	0	0

Service Level Agreement Legend:　✔ Pass　☒ Fail　⊘ No Data

HTTP Responses Summary

HTTP Responses	Total	Per second
HTTP_200	2,394	8.55
HTTP_302	1,008	3.6

图 6-51　测试报告

任　务　总　结

　　通过对本项目的学习,了解到性能测试的目的与注意事项,学习了性能测试的指标与分类以及性能测试的一般流程,包括需求分析、测试计划、测试用例、测试脚本、测试执行等,并掌握了性能测试工具的使用方法。

一、填空题

1. _____主要是测试项目的某个功能的执行效率是否达到预期的要求。

2. _____是系统对用户请求作出响应所需要的时间,是反映系统处理效率的指标。

3. _____并不仅仅指运行系统的硬件,而是指支持整个系统运行程序的一切软硬件平台。

4. 一般情况下把性能测试分为_____、_____、_____、_____、_____、稳定性测试等。

5. _____就是根据测试的场景为测试所准备的数据。

二、简答题

1. 简述性能测试的注意事项。

2. 简述什么叫做吞吐量。

项目七　安全测试

　　通过本项目的学习,了解安全测试的目的,学习安全测试的分类与测试方法以及常见的安全漏洞,重点学习渗透测试的使用,具有使用渗透测试完成安全测试的能力。在学习过程中:

● 了解什么是安全测试。
● 掌握安全测试的方法。
● 掌握安全测试常见的漏洞。
● 掌握渗透测试的使用方法。

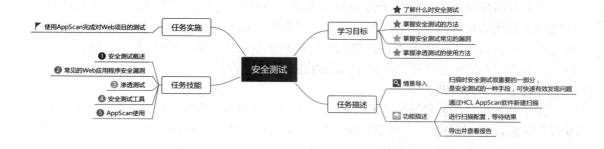

【情境导入】

扫描是安全测试很重要的一部分,是安全测试的一种手段,可快速有效发现问题。安全测试人员可通过安全测试工具完成扫描报告的分析、漏洞的深度挖掘,以及测试各个部分的组织等工作,减少了测试人员的工作量。

【功能描述】

● 通过 HCL AppScan 软件新建扫描。
● 进行扫描配置,等待结果。
● 导出并查看报告。

技能点一　安全测试概述

在互联网高速发展的当下,很多软件涉及客户商业上重要的信息资料以及用户的隐私,因此企业很关心软件的安全性。所以开发人员要尽可能地保证软件的安全性,安全测试的重要性就不言而喻了。安全测试就是在软件的整个生命周期中,对软件产品进行检验以验证产品符合安全需求定义和产品质量标准的过程。

1. 什么是安全测试

安全性测试指的是验证应用程序的安全等级以及识别潜在安全性缺陷的过程,也就是要提供证据证明,在面对攻击和恶意输入时,应用仍然能够充分地满足它的需求。应用程序级安全测试的主要目的是查找软件自身程序设计中存在的安全隐患,并检查应用程序对非法侵入的防范能力,安全指标不同测试策略也不同。安全测试是在功能测试的基础上进行的测试,通过安全测试可以发现以下问题。

①信息泄露、破坏信息的完整性。

②拒绝服务(合法用户不能够正常访问网络)。

③非法使用、窃听。

④业务数据流分析。

⑤假冒、旁路控制。

⑥授权侵犯（内部攻击即局域网攻击）。

⑦计算机病毒、恶意软件。

⑧信息安全法律法规不完善。

2. 安全测试的方法

安全性测试并不能证明应用程序是安全的，只能验证所设立策略的有效性，这些对策是基于威胁分析阶段所做的假设而选择的。软件安全性测试的方法有许多种，目前最主要的安全测试方法有以下 3 种，如图 7-1 所示。

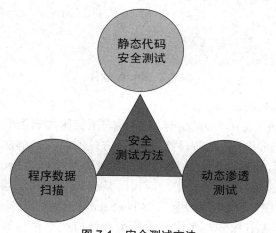

图 7-1　安全测试方法

（1）静态代码安全测试

静态代码安全测试，即通过对源代码进行安全扫描，根据程序中数据流、控制流、语义等信息与其特有软件安全规则库进行匹对，找出代码中潜在的安全漏洞。这是一种非常有用的方法，它可以在开发阶段找出所有可能存在安全风险的代码，这样就可以在早期解决潜在的安全问题。静态代码测试比较适用于早期的代码开发阶段，而不是测试阶段。通过一些测试工具可以进行静态代码的安全测试，以下是对静态代码安全测试的工具介绍。

① Fortify。

Fortify Software 公司是一家总部位于美国硅谷，致力于提供应用软件安全开发工具和管理方案的厂商。Fortify 为应用软件开发组织、安全审计人员和应用安全管理人员提供工具并确立最佳的应用软件安全实践和策略，帮助他们在软件开发生命周期中花最少的时间和成本识别和修复软件源代码中的安全隐患。 Fortify SCA 是 Fortify360 产品套装中的一部分，它使用 Fortify 公司特有的 X-Tier Dataflow™ analysis 技术检测软件安全问题。它的优点是拥有目前全球最大静态源代码检测厂商、支持语言最多；缺点是价格昂贵、使用不方便。其主界面如图 7-2 所示。

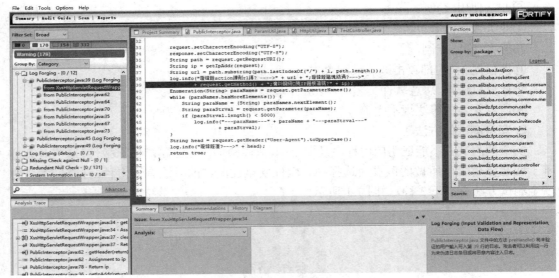

图 7-2　Fortify 软件

② Armorize CodeSecure。

阿码科技（Armorize）成立于 2006 年,总部设立于美国加州圣克拉拉市,研发中心位于我国台湾的南港软件工业园区。阿码科技提供全方位网络安全解决方案,保证企业免于受到黑客利用 Web 应用程序的漏洞所发动的攻击。阿码科技 CodeSecure 可有效地协助企业与开发人员在软件开发过程中及项目上线后找出 Web 应用程序风险,并清楚地交代风险的来龙去脉（如何进入程序,如何造成问题）。CodeSecure 内建语法剖析功能无须依赖编译环境,任何人员均可利用 Web 操作与集成开发环境双接口找出存在信息安全问题的源代码,并提供修补建议进行调整。CodeSecure 依托于自行开发的主机进行远程源代码检测,在保证速度稳定的同时方便用户进行 Web 远程操作。它的优点是 Web 结合硬件,速度快和独具特色的深度分析;缺点是支持语言种类较少、价格不菲。在 CodeSecure 的官网中对它的介绍界面如图 7-3 所示。

③ Checkmarx。

Checkmarx 是以色列的一家高科技软件公司。它的产品 CheckmarxCxSuite 是为识别、跟踪和修复软件源代码上的技术和逻辑方面的安全风险而专门设计的。它首创了以查询语言定位代码安全问题,采用独特的词汇分析技术和 CxQL 专利查询技术来扫描和分析源代码中的安全漏洞和弱点。它的优点是利用 CxQL 查询语言自定义规则,缺点包括输出报告不够美观、语言支持种类不全面等。它的使用主界面如图 7-4 所示。

（2）动态渗透测试

使用自动化工具或者人工的方法模拟黑客的输入,对应用系统进行攻击性测试,从而找出运行时所存在的安全漏洞。该测试的特点就是真实有效,通常找出来的问题都是正确的,也是较为严重的。但渗透测试的缺点是模拟的测试数据只能到达有限的测试点,覆盖率很低。动态渗透测试的自动化工具有如下几种。

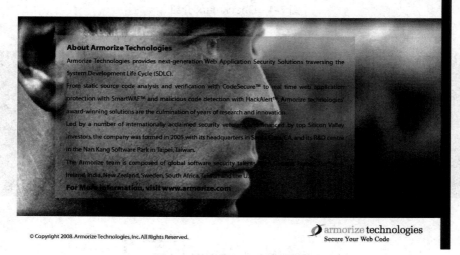

图 7-3 CodeSecure 介绍广告

① Appium。

Appium 是一个移动端自动化测试开源工具,支持 iOS 和 Android 系统,并支持 Python、Java 等语言,即同一套 Java 或 Python 脚本可以同时在 iOS 和 Android 系统中运行。Appium 是一个 C/S 架构,核心是一个 Web 服务器,它提供了一套 REST 接口。当它收到客户端的连接后,就会监听到命令,然后在移动设备上执行这些命令,最后将执行结果放在 HTTP 响应中返还给客户端。Appium 的官网如图 7-5 所示。

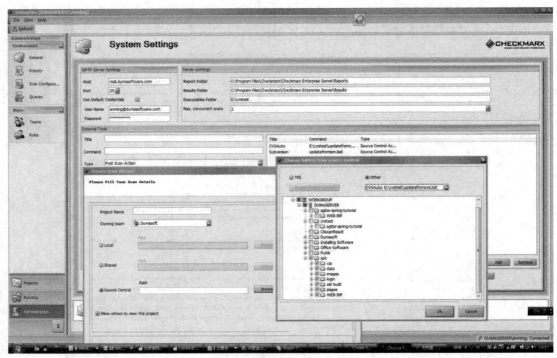

图 7-4　Checkmarx 介绍

图 7-5　Appium 官网

② Selenium。

Selenium 是一个用于 Web 应用程序测试的工具，Selenium 已经成为 Web 自动化测试工程师的首选。Selenium 测试直接运行在浏览器中，就像真正的用户在操作一样。其支持的浏览器包括 IE（7、8、9）、Mozilla Firefox、Mozilla Suite 等。这个工具的主要功能包括：测试与浏览器的兼容性——测试应用程序是否能够很好地工作在不同浏览器和操作系统之上；测试系统功能——创建回归测试检验软件功能和用户需求。selenium 支持自动录制动作和自动生成 .Net、Java、Perl 等不同语言的测试脚本。Selenium 是 ThoughtWorks 专门为 Web 应用程序编写的一个验收测试工具，其升级版本为 Webdriver。Selenium 的官网如图 7-6 所示。

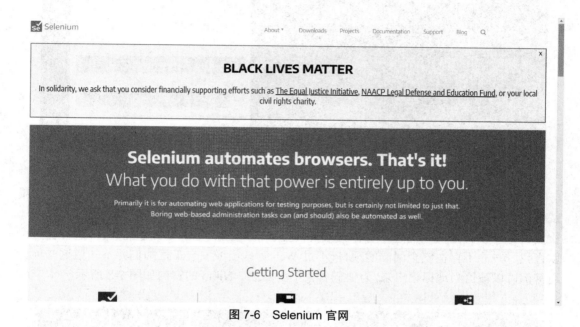

图 7-6　Selenium 官网

④ Postman。

Postman 为 Web API 和 HTTP 请求提供功能强大的管理功能，它能够发送任何类型的 HTTP 请求（GET，POST，PUT，DELETE…），并且能附带任何数量的参数和 Headers。不仅如此，它还为测试数据和环境配置数据提供导入导出功能，付费的 Post Cloud 用户还能够创建自己的 Team Library 用来团队协作式的测试，并能够将自己的测试收藏夹和用例数据分享给团队。Postman 的官网如图 7-7 所示。

（3）程序数据扫描

数据在一个高安全性需求的软件中是非常重要的，在运行过程中数据是不能遭到破坏的，否则就会导致缓冲区溢出类型的攻击。数据扫描的手段通常是进行内存测试，内存测试可以发现许多诸如缓冲区溢出之类的漏洞，而这类漏洞使用其他测试手段都很难发现。例如，对软件运行时的内存信息进行扫描，看是否存在一些导致隐患的信息，这需要专门的工具来进行验证，手工做是比较困难的。常见的数据扫描工具有如下 3 种。

① Nikto。

这是一个开源的 Web 服务器扫描程序，它可以对 Web 服务器的多种项目（包括 3 500 个潜在的危险文件 /CGI，以及超过 900 个服务器版本，还有 250 多个服务器上的版本特定问题）进行全面的测试。其扫描项目和插件经常更新并且可以自动更新（如果需要的话）。

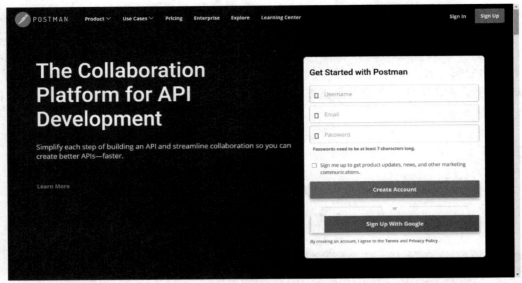

图 7-7　Postman 官网

Nikto 可以在尽可能短的周期内测试 Web 服务器,这在其日志文件中相当明显。如果试验一下(或者测试 IDS 系统),它也可以支持 LibWhisker 的反 IDS 方法。不过,并非每一次检查都可以找出安全问题。有一些项目仅提供信息(info only)类型的检查,这种检查可以查找一些并不存在安全漏洞的项目,不过 Web 管理员或安全工程师们并不知道这些项目通常都可以被恰当地标记出来,为他们省去不少麻烦。Nikto 的官网如图 7-8 所示。

图 7-8　Nikto 官网

② Paros proxy。

这是一个对 Web 应用程序的漏洞进行评估的代理程序,即一个基于 Java 的 Web 代理程序,可以评估 Web 应用程序的漏洞。它支持动态地编辑 / 查看 HTTP/HTTPS,从而改变

cookies 和表单字段等项目。它包括一个 Web 通信记录程序、Web 圈套程序（spider）、hash 计算器，还有一个可以测试常见的 Web 应用程序攻击（如 SQL 注入式攻击和跨站脚本攻击）的扫描器。Paros proxy 的官网如图 7-9 所示。

图 7-9　Paros proxy 的官网

③ Nessus。

Nessus 是一种面向个人免费、面向商业收费扫描程序，不仅可以扫描 Web 网站漏洞，同时还会发现 Web 服务器、服务器操作系统等漏洞。个人用户只需在官网上注册账号即可获得激活码。它是一款 Web 网站形式的漏洞扫描工具。Nessus 官网如图 7-10 所示。

图 7-10　Nessus 官网

技能点二 常见的 Web 应用程序安全漏洞

软件的安全包含很多方面的内容,主要的安全问题是由软件本身的漏洞造成的,以下是几种常见的软件安全的缺陷和漏洞,用来判断在程序开发或测试时验证程序的安全问题类型,以及所开发或测试的程序是否存在这些方面的安全隐患。

（1）SQL 注入

SQL 注入是最常见的漏洞,具有多种影响。攻击者将 SQL 命令插入 Web 表单以提交或输入域名或页面请求的查询字符串,并最终诱使服务器执行恶意 SQL 命令,从而入侵数据库以执行任意查询。

例如,某些网站不使用预编译的 SQL,并且用户在界面上输入的某些字段将添加到 SQL。 这些字段可能包含一些恶意 SQL 命令。例如: password =" 1'OR'1'='1",即使你不知道用户密码,也可以正常登录。测试方法如下。

在需要查询的页面上,输入简单的 SQL 语句,如正确的查询条件和"1 = 1",然后检查响应结果。如果结果与正确的查询条件相符,则表明该应用程序尚未筛选用户输入,并且可以初步判断它存在 SQL 注入漏洞。

（2）CSRF 跨站请求伪造

攻击者通过调用第三方网站的恶意脚本来伪造请求,在用户不知情的情况下,攻击者强行递交构造的具有"操作行为"的数据包。

例如,如果用户浏览并信任具有 CSRF 漏洞的网站 A,则浏览器会生成相应的 cookie,并且当用户访问危险的网站 B 时并不会退出网站。危险网站 B 要求访问网站 A 并提出要求,这时浏览器使用用户的 cookie 信息访问网站 A。 由于网站 A 不知道是用户自身发出的请求还是危险网站 B 发出的请求,因此将处理危险网站 B 的请求,从而完成了用户操作目的的模拟。 这是 CSRF 攻击的基本思路,其过程如图 7-11 所示。

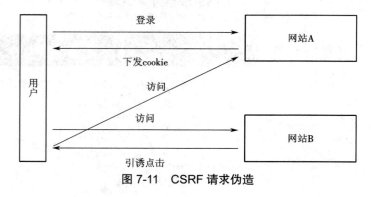

图 7-11 CSRF 请求伪造

测试方法如下。

①同一个浏览器打开两个页面,一个页面权限失效后,另一个页面是否可操作成功,如果仍然能操作成功即存在风险。

②使用工具发送请求,在 http 请求头中不加入 referer 字段,检验返回消息的应答,应该重新定位到错误界面或者登录界面。

（3）XSS 跨站脚本攻击

类似于 SQL 注入,XSS 通过网页插入恶意脚本,攻击者往 Web 页面里插入恶意 HTML 代码,当用户浏览该页时,嵌入在 Web 里面的 HTML 代码会被执行,从而达到伪造用户登录的特殊目的。攻击过程如图 7-12 所示。

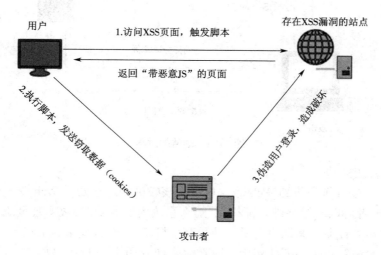

图 7-12　XSS 跨站脚本

成功的 XSS 可以获取用户的 cookie,并使用该 cookie 窃取用户在网站上的操作权限。它还可以获取用户的联系人列表,并使用攻击者的身份将大量垃圾邮件发送到特定的目标组。测试方法如下。

在数据输入界面上,输入数据,保存成功后,弹出对话框,提示存在 XSS 漏洞;或更改 URL 请求中的参数,如果页面上弹出对话框,则表明存在 XSS 漏洞。

（4）URL 跳转漏洞

URL 跳转漏洞即未经验证的重定向漏洞,是指 Web 程序直接跳转到参数中的 URL,或者在页面中引入了任意开发者的 URL,将程序引导到不安全的第三方区域,从而导致安全问题。测试方法如下。

① 使用数据包捕获工具捕获请求。

② 抓住 302 URL,修改目标地址,然后查看它是否可以跳转。

（5）会话管理劫持

会话管理机制的安全漏洞主要产生在会话令牌生成过程中和整个会话生命周期过程中。令牌生成过程中的主要漏洞就是令牌可以被构造。其中包含两种漏洞:一种是令牌含义易读,也就是没有进行加密或者加密了但可以被解密成可读字符;另外一种是令牌可以被预测,可能包括一些隐藏序列、时间戳等。在整个会话生命周期中,可以通过获取别人的 token 或 sessionid 来访问。劫持的过程如图 7-13 所示。

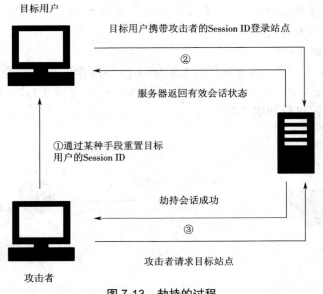

目标用户

目标用户携带攻击者的Session ID登录站点

②

服务器返回有效会话状态

①通过某种手段重置目标
用户的Session ID

劫持会话成功

③

攻击者请求目标站点

攻击者

图 7-13　劫持的过程

（6）攻击验证机制

验证机制常被看作是防御 Web 恶意攻击的核心机制。它处于 Web 安全防御阵线的最前沿,如果攻击者可以轻松突破验证机制,那么系统的所有功能、数据甚至账户余额等私密信息都会被攻击者控制。验证机制是其他所有全机制的前提,如果验证机制无法阻止攻击,那么其他的安全机制也大多无法实施。应对验证攻击,可以采取的措施如下。

①验证码。

验证码方式虽无法完全避免被暴力破解,但也可以使多数随意的攻击者停止攻击行动,转而攻击较容易的应用程序。

② cookie 检测。

cookie 检测只能防止使用浏览器手动攻击,用专门的工具进行攻击就可以轻易避开。例如,有一些应用程序会设置一个 cookie,如 failedlogin=0,登录尝试失败,递增该值,达到某个上限,检测到这个值并拒绝再次处理登录。

③会话检测。

与 cookie 检测类似,将失败计数保存在会话中,虽然在客户端没有该漏洞存在的迹象,但只要攻击者获得一个新的会话,就可以继续实施暴力攻击。

④失败锁定账户。

有些应用程序会采取登录达到一定次数后锁定目标账户的方式。

技能点三　渗透测试

渗透测试是利用网络安全扫描器、专用安全测试工具以及人工经验对网络中的核心服务器及重要的网络设备,包括模拟黑客对服务器、网络设备、防火墙等设备进行非破坏性质的渗透。目的是侵入系统并获取机密信息,将入侵的过程和细节生成报告给用户。

1. 渗透测试

渗透测试(Penetration Testing)是由专业的安全服务人员发起,并模拟常见黑客所使用的攻击手段对目标系统进行模拟入侵。它的目的在于充分挖掘和暴露系统的弱点,从而让管理人员了解其系统所面临的威胁。

渗透测试可能是单独进行的一项工作,也可能是常规研发生命周期(如 Microsoft SDLC)里 IT 安全风险管理的一个组成部分。产品的安全性并不完全取决于 IT 方面的技术因素,还会受到与该产品有关的最佳安全实践的影响。具体而言,增强产品安全性的工作涉及安全需求分析、风险分析、威胁建模、代码审查和运营安全。

通常认为,渗透测试是安全评估最终的也是最具侵犯性的形式,它必须由符合资质的专业人士实施。在进行评估之前,有关人员可能了解也可能不了解目标的具体情况。渗透测试可用于评估所有的 IT 基础设施,包括应用程序、网络设备、操作系统、通信设备、物理安全和人类心理学。渗透测试的工作成果就是一份渗透测试报告。这份报告分别为从多个部分阐述在当前的目标系统里找到的安全弱点,并且会讨论可行的对抗措施和其他改进建议。充分应用渗透测试方法论,有助于测试人员在渗透测试的各个阶段深入理解并透彻分析当前存在的防御措施。渗透测试的全过程如图 7-14 所示。

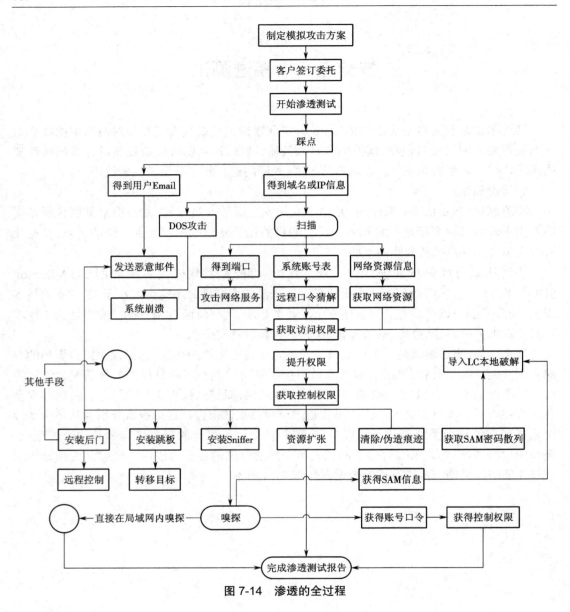

图 7-14　渗透的全过程

2. 测试流程

渗透测试以安全为基本原则,从攻击者以及防御者的角度去分析目标所存在的安全隐患以及脆弱性,以保护系统安全为最终目标。一般的渗透测试流程如图 7-15 所示。

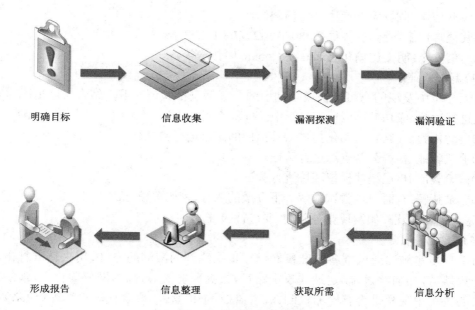

图 7-15　渗透测试流程

（1）明确目标

在进行测试之前首先得明确测试目标的范围、IP、域名、内外网和测试账户。其次确定测试的规则，具体包括能渗透到什么程度、所需要的时间、能否修改上传、能否提提取等。当然也需要明确测试需求，如 Web 应用的漏洞、业务逻辑漏洞、人员权限管理漏洞等。

（2）信息收集

信息收集的方式有主动扫描、开放搜索等。开放搜索可利用搜索引擎获得后台、未授权页面、敏感 URL 等。具体收集的内容有以下信息。

①基础信息：IP、网段、域名、端口。

②应用信息：各端口的应用，如 Web 应用、邮件应用等等。

③系统信息：操作系统版本。

④版本信息：所有探测到的系统的版本。

⑤服务信息：中间件的各类信息、插件信息。

⑥人员信息：域名注册人员信息、Web 应用中发帖人的 ID、管理员姓名等。

⑦防护信息：试着看能否探测到防护设备。

（3）漏洞探测

将相应的漏洞应用到上一步列出的各种系统中。具体方法如下。

①漏扫、awvs、IBM appscan 等。

②结合漏洞去 exploit-db 等位置找漏洞。

③在网上寻找验证 POC。

所涉及的漏洞内容如下。

①系统漏洞：系统没有及时打补丁。

②WebSever 漏洞：WebSever 配置问题。

③Web 应用漏洞：Web 应用开发问题。

④其他端口服务漏洞：各种 21/8080（st2）/7001/22/3389。

⑤通信安全：明文传输和 Token 在 Cookie 中传送等。

（4）漏洞验证

将上一步中发现的有可能被成功利用的全部漏洞都验证一遍。结合实际情况，搭建模拟环境进行试验，成功后再应用于目标中。验证方式如下。

①自动化验证：结合自动化扫描工具提供的结果进行验证。

②手工验证：根据公开资源进行验证。

③试验验证：自己搭建模拟环境进行验证。

④登录猜解：有时可以尝试猜解一下登录的账号、密码等信息。

⑤业务漏洞验证：如发现业务漏洞，要进行验证。

（5）信息分析

为下一步实施渗透做准备。准备好上一步探测到的漏洞的 EXP，用来精准打击，看是否有防火墙等，如何绕过，制定最佳攻击路径，根据薄弱入口，高内网权限位置，最终目标。在攻击的过程中观察是否有检测机制、流量监控、杀毒软件、恶意代码检测等（免杀），设置攻击代码（经过试验得出来的代码，包括但不限于 XSS 代码、SQL 注入语句等）。

（6）获取所需

首先根据前几步的结果，进行攻击，并获取内部信息，包括网络连接、VPN、路由、拓扑等；其次进一步渗透内网入侵和敏感目标，并保持持续性存在；最后清理痕迹，包括相关日志（访问、操作）、上传文件等。

（7）信息整理

需要整理渗透过程中用到的代码，如 POC、EXP 等，以及整理渗透过程中收集到的一切信息，同时整理渗透过程中遇到的各种漏洞，各种脆弱位置信息。

（8）形成报告

按照之前第一步跟客户确定好的范围、需求来整理资料，并将资料形成报告。对漏洞成因，验证过程和带来的危害进行分析。当然也要对所有产生的问题提出合理、高效、安全的解决办法。

技能点四　安全测试工具

（1）AppScan

AppScan 是 IBM 公司推出的一款 Web 应用程序扫描工具，其通过黑盒测试的方式对 Web 应用程序进行安全漏洞的扫描和测试。AppScan 图标如图 7-16 所示。

图 7-16　AppScan 图标

　　AppScan 在工作时，会先根据网站首页面对当前网站下所有可见页面进行爬取，并对管理后台进行测试；之后利用 SQL 注入原理判断注入点和跨站脚本攻击是否存在，并进行 cookie 管理、会话周期等 Web 应用程序安全漏洞的检测。

　　另外，AppScan 在完成扫描后，不仅会提供扫描出的各种漏洞，还会提供非常详细的漏洞原理、修改建议、手动验证等信息。但不得不说的是，AppScan 是一款商业软件，价格较为昂贵。

　　（2）Nmap

　　Nmap 全称为"Network Mapper"，是 Fyodor 于 1997 年开发的一款开源的网络扫描和主机检测工具，不仅可以实现网络主机清单列举、服务升级调度管理、主机或服务运行状况监控等，还可以检测目标机是否在线、端口开放情况、侦测运行的服务类型及版本信息、侦测操作系统与设备类型等信息。Nmap 图标如图 7-17 所示。

图 7-17　Nmap 图标

　　（3）Fiddler

　　Fiddler 是目前最常用的 http 抓包工具之一，能够记录客户端和服务器之间的所有 http 和 https 请求，并针对特定请求进行请求数据分析、请求数据修改、断点设置、Web 应用调试、服务器返回数据修改等。Fiddler 图标如图 7-18 所示。

图 7-18　Fiddler 图标

　　在使用 Fiddler 时，客户端的所有请求都先经过 Fiddler 后被转发到相应的服务器；反之，服务器端的所有响应同样经过 Fiddler 后被发送到客户端。当 Fiddler 退出时，会自动注销，减少对其他程序的影响；但 Fiddler 非正常退出时，Fiddler 无法自动注销，会造成网页无法访问。Fiddler 使用流程如图 7-19 所示。

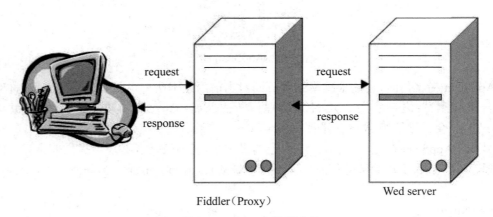

Fiddler（Proxy）   Wed server

图 7-19   Fiddler 使用流程

（4）Metasploit

Metasploit 是由 H.D. Moore 于 2003 年基于 Ruby 语言开发的一款免费的、可下载的安全漏洞检测工具，旨在获取、开发并对计算机软件漏洞实施攻击，能够帮助使用者识别安全性问题、验证漏洞的缓解措施，以及评估系统安全性等。Metasploit 图标如图 7-20 所示。

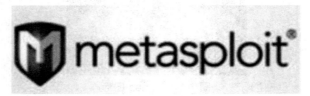

图 7-20   Metasploit 图标

技能点五　AppScan 使用

1. AppScan 概述

AppScan 是一款 Web 应用安全测试工具，也是唯一在所有级别应用上提供安全纠正任务的工具。AppScan 扫描 Web 应用的基础架构，进行安全漏洞测试并提供可行的报告和建议。AppScan 对扫描能力、配置和详细的报表系统都进行了整合，简化了使用流程，增强了用户使用效率，有利于安全防范和保护 Web 应用基础架构。

AppScan 采用了 3 种测试方法用以批次互补和增强。

①动态分析（黑盒扫描）：测试应用程序以及评估运行时的程序，是 AppScan 的主要方法。

②静态分析（白盒扫描）：分析完整 Web 页面的 JavaScript 代码，属于 AppScan 的独特技术。

③交互分析（glass box 扫描）：该方法的存在可以帮助 AppScan 识别更多问题且准确度更高，该方法可以与驻留在 Web 服务器上的专用 glass-box 代理程序交互。

AppScan 还拥有其他安全测试工具所不具备的高级功能。

①40 个开箱即用的模板。

②可以通过 AppScan SDK 来直接集成到系统中，带来了可定制性与可扩展性。

③链接分类功能，确保用户设备的安全。

2. AppScan 安装

首先打开百度首页，搜索"IBM Rational AppScan"，将其下载到本地。其次点击安装包进行安装。具体安装步骤如下。

第一步：打开安装程序，选择语言为"中文（简体）"，点击"确定"按钮进入下一步，如图 7-21 所示。

图 7-21　选择软件语言

第二步：等待安装的准备工作完成，如图 7-22 所示。

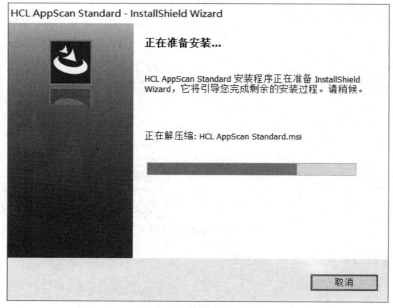

图 7-22　等待准备过程

第三步：接受用户协议后点击"下一步"按钮，如图 7-23 所示。

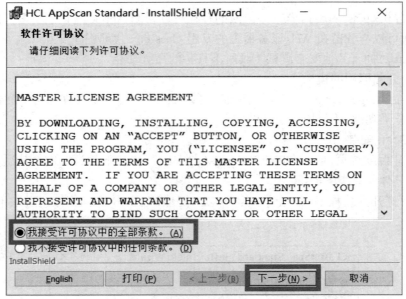

图 7-23 同意用户协议

第四步：选择好安装目录后，点击"安装"按钮开始安装，如图 7-24 所示。

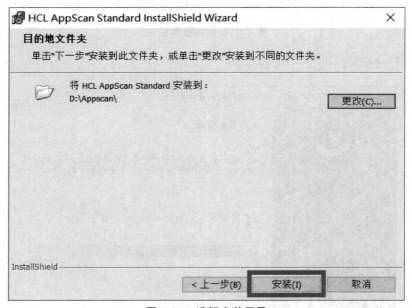

图 7-24 选择安装目录

第五步：等待安装完成，如图 7-25 所示。

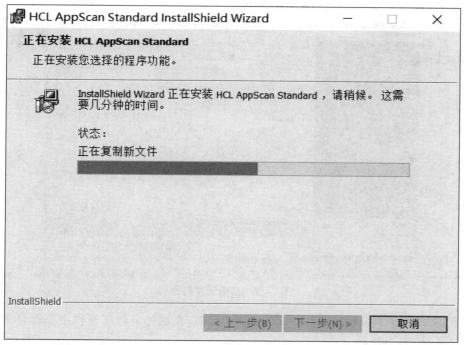

图 7-25　等待安装完成

3. AppScan 使用步骤

①首次打开软件会弹出 AppScan 的引导,如图 7-26 所示。

图 7-26　AppScan 用户引导

②根据被测程序选择相应选项,这里选择"扫描 Web 应用程序"进行演示。选择之后跳转到"扫描配置向导"窗口,如图 7-27 所示。

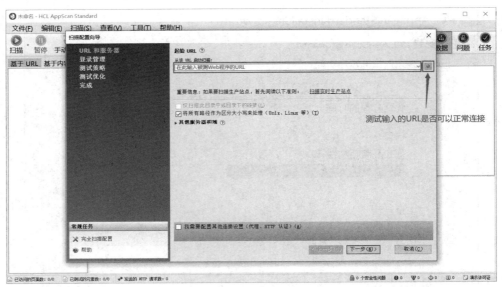

图 7-27　扫描配置向导

③点击"下一步"按钮后,进入"登录管理"窗口,在这里可以选择程序要求登录时使用的登录信息,如图 7-28 所示。

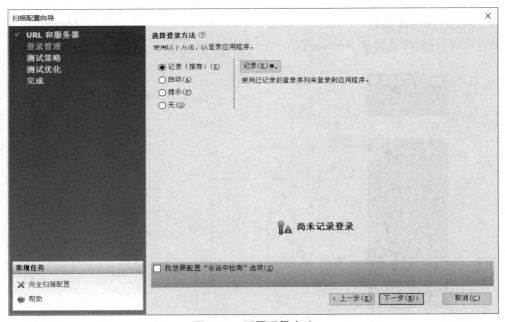

图 7-28　配置登录方法

➢ 记录(推荐):使用已记录的登录序列登录到应用程序,该方法需要提前在软件中保存配置。

➢ 自动:为当前扫描配置独立的登录序列并在需要的时候自动登录。

➢ 提示:在程序需要登录时弹出窗口手动输入登录序列。

➤ 无：不对需要登录的页面进行扫描。

④点击"下一步"按钮后，跳转到测试策略选项卡中，在此可以配置测试时使用的策略，如图 7-29 所示。

图 7-29 选择测试策略

对预定义的策略说明如下所示，本节演示中选择"缺省值"策略。

➤ 缺省值：包含所有测试，但侵入式和端口侦听器测试除外。

➤ 仅应用程序：包含所有应用程序级别测试，但侵入式和端口侦听器测试除外。

➤ 仅基础结构：包含所有基础结构级别测试，但侵入式和端口侦听器测试除外。

➤ 仅第三方：包含所有第三方级别测试，但侵入式和端口侦听器测试除外。

➤ 侵入式：包含所有侵入式测试（即可能会影响服务器稳定性的测试）。

➤ 完成：包含所有 AppScan 测试，但端口侦听器测试除外。

➤ Web Services：包含所有 SOAP 相关测试。

➤ 关键的少数：包含一些成功可能性极高的测试的精选。这在时间有限时可能对站点评估有所帮助。

➤ 开发者精要：包含一些成功可能性极高的应用程序测试的精选。这对想要快速评估其应用程序的开发者可能有用。

➤ 生产站点："排除"可能损坏站点的侵入式测试，或测试可能导致"拒绝服务"的其他用户。

⑤点击"下一步"按钮后，进入"测试优化"选项卡，在此选择速度和问题覆盖范围之间的平衡度，如图 7-30 所示。

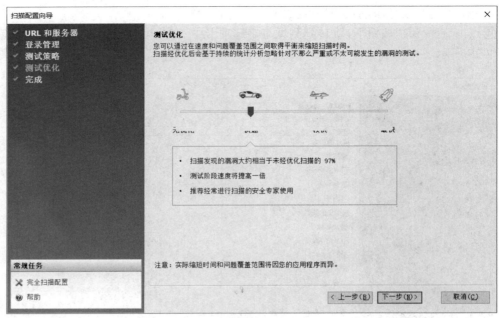

图 7-30　测试优化

⑥点击"下一步"按钮后,进入向导的最后一步,进行扫描启动时间的选择,如图 7-31 所示。

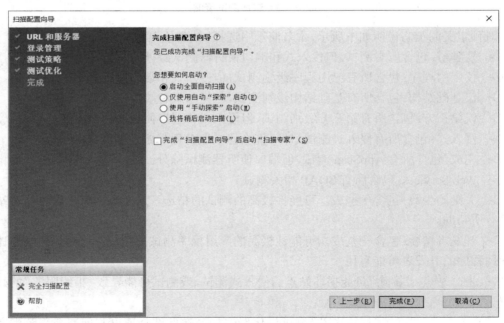

图 7-31　完成扫描配置向导

⑦点击"完成"按钮后,软件自动开始扫描,等待扫描完成即可,如图 7-32 所示。

图 7-32　开始扫描

结合以上技能知识的学习,使用 AppScan 完成对 Web 项目的测试,具体实现步骤如下所示。

第一步:打开 HCL AppScan Standard 软件,选择"文件"中的"新建"选项,如图 7-33 所示。

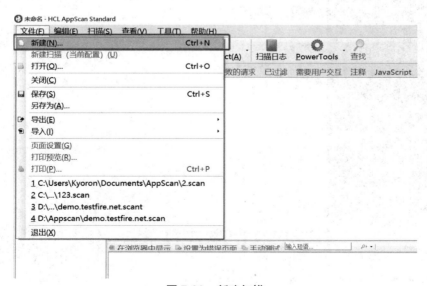

图 7-33　新建扫描

第二步：在弹出的窗口中选择"新建"中的"扫描 Web 应用程序"选项，如图 7-34 所示。

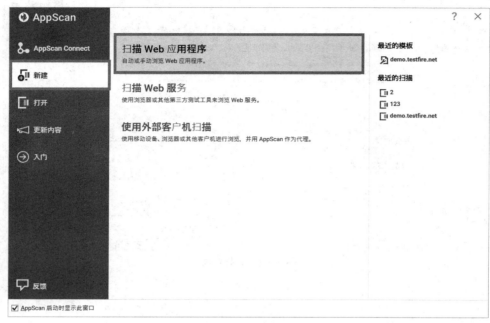

图 7-34　新建扫描

第三步：在"扫描配置向导"窗口中的"从该 URL 启动扫描"文本框中输入"OA 办公自动化系统"的地址：http：//192.168.10.127：8088/，其他选项为默认配置，点击"下一步"按钮，如图 7-35 所示。

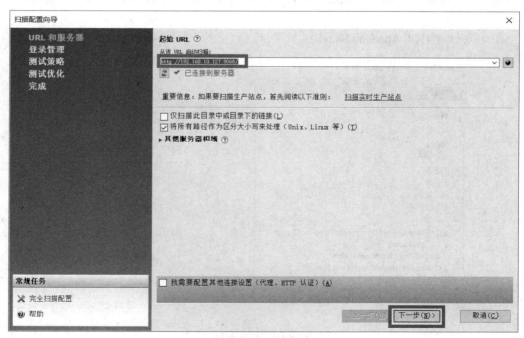

图 7-35　配置 URL 地址

　　第四步：在"选择登录方法"窗口中选择登录方法为"提示"，点击"下一步"按钮，如图7-36所示。在弹出的窗口中选择"是"选项，如图7-37所示。

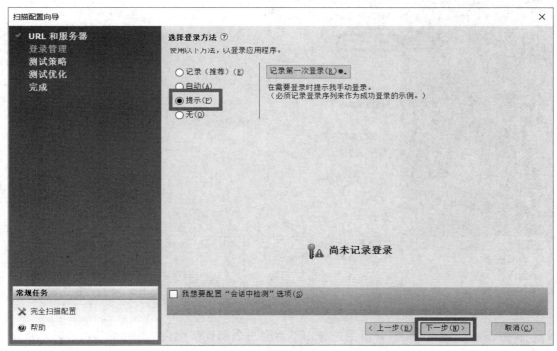

图 7-36　选择登录方法

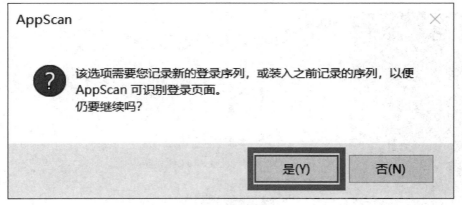

图 7-37　选择登录方法

　　第五步：在"测试策略"窗口中选择"完成"策略，点击"下一步"按钮，如图7-38所示。

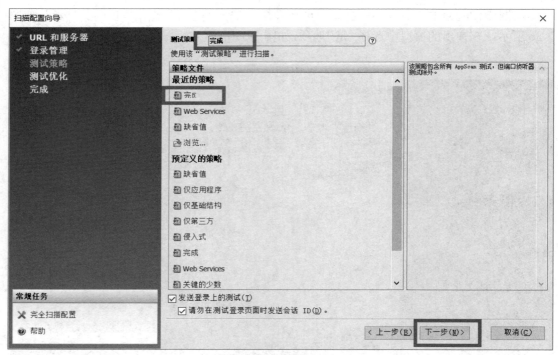

图 7-38 选择测试策略

第六步：在"测试优化"窗口中选择扫描速度与全面性都优良的"快速"方式，随后点击"下一步"按钮，如图 7-39 所示。

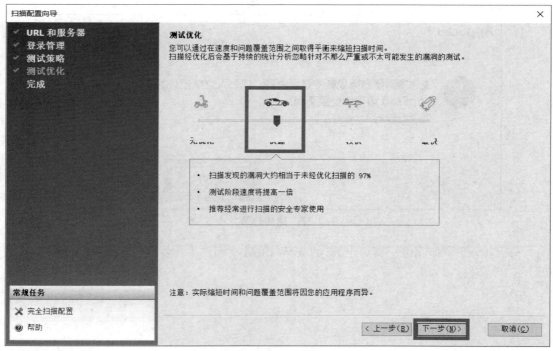

图 7-39 测试优化方式

第七步：在最后一步中选择"我将稍后启动扫描"选项，点击"完成"按钮，如图 7-40 所示。

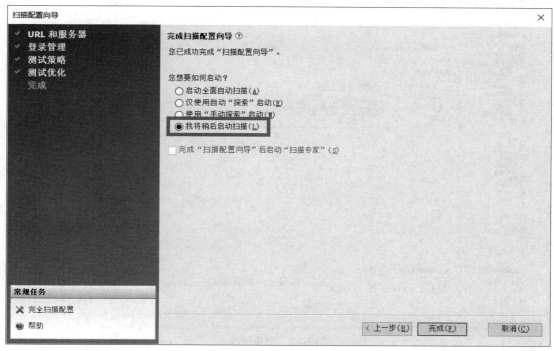

图 7-40　完成扫描配置向导

第八步：选择软件界面中的"扫描"选项，在菜单栏中选择"扫描配置"选项，也可以按"F10"快捷打开窗口，如图 7-41 所示。

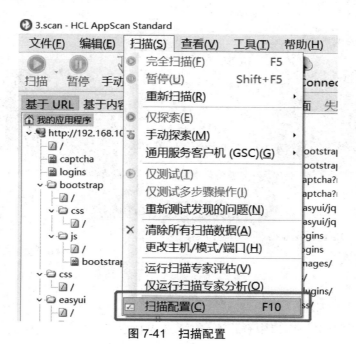

图 7-41　扫描配置

第九步：在"扫描配置"窗口中选择"登录管理"选项，在"记录第一次登录"下拉菜单中
选择"AppScan Chromium 浏览器"选项，如图 7-42 所示。

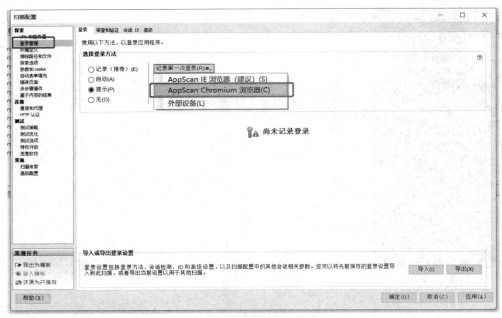

图 7-42　登录管理

第十步：选择后弹出系统的主页面，在窗口中登录系统，如图 7-43 所示。

图 7-43　登录界面

第十一步：在弹出的窗口中登录系统，登录成功后点击"我已登录到站点"按钮，如图

7-44 所示。

图 7-44　记录登录信息

第十二步：选择软件界面右上角的"扫描"按钮中的"完全扫描"选项，如图 7-45 所示。

图 7-45　完全扫描

第十三步：在弹出的窗口中选择"是"选项，自动保存扫描，如图 7-46 所示。

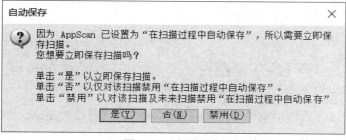

图 7-46　自动保存

第十四步：选择自动保存后扫描开始，如图 7-47 所示。

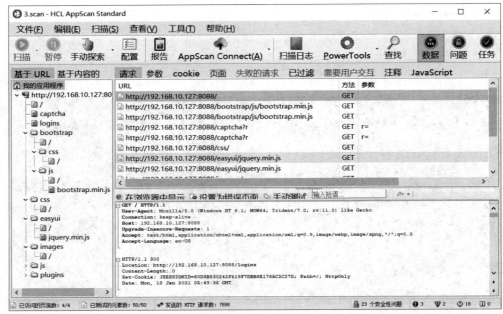

图 7-47　开始扫描

第十五步：点击软件界面右上角的"问题"按钮查看扫描出的问题，如图 7-48 所示。

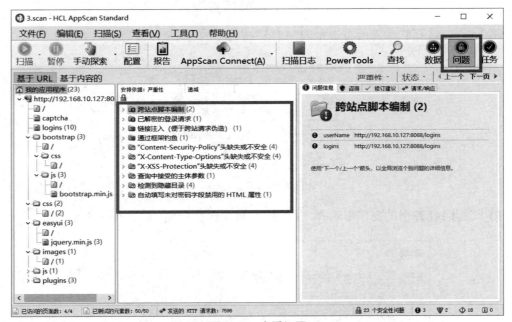

图 7-48　查看问题

第十六步：可以在右侧的菜单栏中选择"修订建议"查看修改策略，如图 7-49 所示。

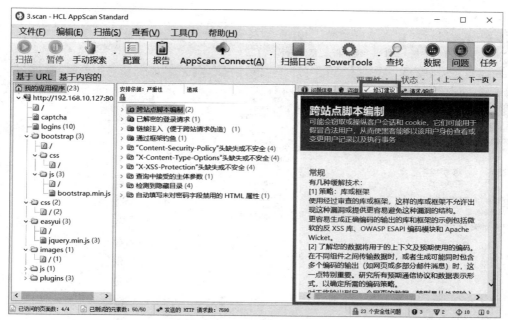

图 7-49　查看修订建议

第十七步：导出安全性报告，选择软件界面上方菜单中的"报告"按钮，如图 7-50 所示。

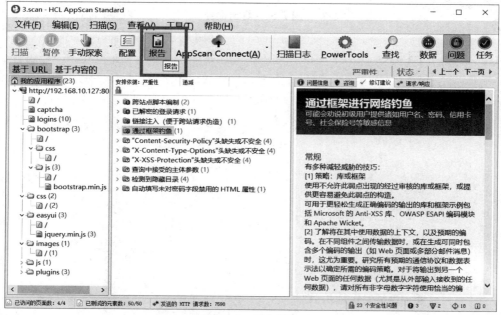

图 7-50　导出报告

第十八步：在弹出的"创建报告"窗口中选择"模板"为"详细报告"，其他选项为默认值，随后点击"保存报告"按钮导出报告，如图 7-51 所示。最后导出的 PDF 文件打开后的封面如图 7-52 所示。

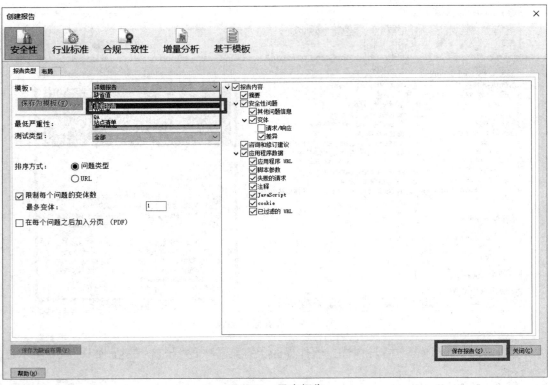

图 7-51 导出报告

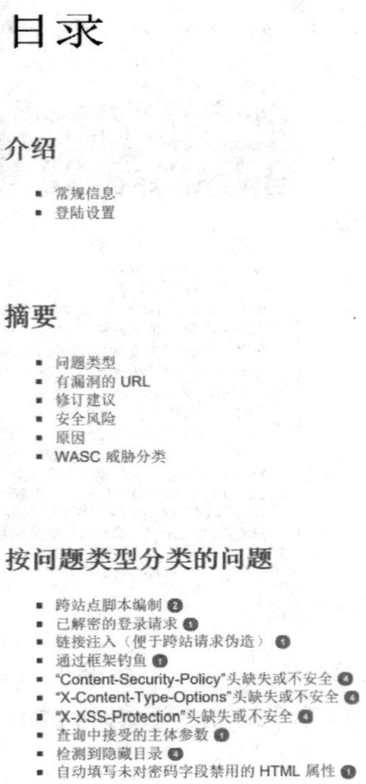

目录

介绍

- 常规信息
- 登陆设置

摘要

- 问题类型
- 有漏洞的 URL
- 修订建议
- 安全风险
- 原因
- WASC 威胁分类

按问题类型分类的问题

- 跨站点脚本编制 ❷
- 已解密的登录请求 ❶
- 链接注入（便于跨站请求伪造）❶
- 通过框架钓鱼 ❶
- "Content-Security-Policy"头缺失或不安全 ❹
- "X-Content-Type-Options"头缺失或不安全 ❹
- "X-XSS-Protection"头缺失或不安全 ❹
- 查询中接受的主体参数 ❶
- 检测到隐藏目录 ❹
- 自动填写未对密码字段禁用的 HTML 属性 ❶

图 7-52 导出的 PDF 文件

第十九步：导出行业标准报告。

在"创建报告"窗口中选择"行业标准"按钮，选择需要的报告模板，这里默认选择第一种模板"OWASP Top 10 2017"，点击"保存报告"按钮，如图7-53所示。最后导出的PDF文件打开后的封面如图7-54所示。

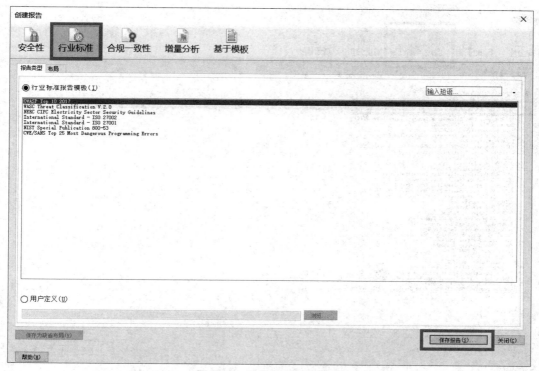

图 7-53　导出行业标准报告

Web 应用程序报告

该报告包含有关 web 应用程序的重要安全信息。

OWASP Top 10 2017 报告

该报告由 HCL AppScan Standard 创建 10.0.0，规则：0
扫描开始时间：2021/1/18 13:40:13

图 7-54　行业标准报告 PDF

第二十步：导出合规一致性报告。

在"创建报告"窗口中选择"合规一致性"按钮，选择需要的报告模板，这里默认选择第一种模板"[CANADA] PIPED Act"，点击"保存报告按钮"，如图 7-55 所示。最后导出的 PDF 文件打开后的封面如图 7-56 所示。

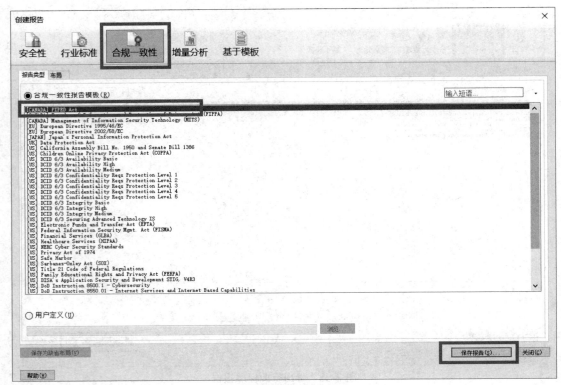

图 7-55　合规一致性报告

Web 应用程序报告

该报告包含有关 web 应用程序的重要安全信息。

[CANADA] PIPED Act 一致性报告

该报告由 HCL AppScan Standard 创建 10.0.0, 规则: 0
扫描开始时间: 2021/1/18 13:49:13

图 7-56　合规一致性报告 PDF

第二十一步：对安全报告的问题类型进行分析，问题类型的摘要如图 7-57 所示。从图中可以得知问题的分类及风险程度和相应问题的数量。

问题类型 ⑩　　　　　　　　　　　　　　　　　　　　　　　TOC

	问题类型	问题的数量
高	跨站点脚本编制	2
高	已解密的登录请求	1
中	链接注入（便于跨站请求伪造）	1
中	通过框架钓鱼	1
低	"Content-Security-Policy"头缺失或不安全	4
低	"X-Content-Type-Options"头缺失或不安全	4
低	"X-XSS-Protection"头缺失或不安全	4
低	查询中接受的主体参数	1
低	检测到隐藏目录	4
低	自动填写未对密码字段禁用的 HTML 属性	1

图 7-57　问题类型

对安全报告的漏洞 URL 摘要进行分析，在摘要中可以发现有漏洞的 URL 主要集中在高风险的"http://192.168.10.127:8088/logins"目录下，有十个之多，如图 7-58 所示。

有漏洞的 URL ⑦　　　　　　　　　　　　　　　　　　　　TOC

	URL	问题的数量
高	http://192.168.10.127:8088/logins	10
低	http://192.168.10.127:8088/bootstrap/js/bootstrap.min.js	3
低	http://192.168.10.127:8088/css/	2
低	http://192.168.10.127:8088/easyui/jquery.min.js	3
低	http://192.168.10.127:8088/plugins/	3
低	http://192.168.10.127:8088/images/	1
低	http://192.168.10.127:8088/js/	1

图 7-58　程序漏洞的 URL 及所含问题个数

对安全报告的修复建议摘要进行分析，在摘要中可以查看对应问题的修复建议以及问题的个数，如图 7-59 所示。

	修复任务	问题的数量
高	查看危险字符注入的可能解决方案	4
高	发送敏感信息时，始终使用 SSL 和 POST（主体）参数。	1
低	对禁止的资源发布"404 - Not Found"响应状态代码，或者将其完全除去	4
低	将"autocomplete"属性正确设置为"off"	1
低	将服务器配置为使用安全策略的"Content-Security-Policy"头	4
低	将服务器配置为使用值为"1"（已启用）的"X-XSS-Protection"头	4
低	将服务器配置为使用值为"nosniff"的"X-Content-Type-Options"头	4
低	请勿接受在查询字符串中发送的主体参数	1

图 7-59　修复建议

在安全风险摘要中可以查看系统中存在的安全风险以及风险的数量，如图 7-60 所示。在原因摘要中可以查看风险出现的综合原因，如图 7-61 所示。

安全风险 ❼

TOC

	风险	问题的数量
高	可能会窃取或操纵客户会话和 cookie，它们可能用于模仿合法用户，从而使黑客能够以该用户身份查看或变更用户记录以及执行事务	3
高	可能会窃取诸如用户名和密码等未经加密即发送了的用户登录信息	1
中	可能会劝说初级用户提供诸如用户名、密码、信用卡号、社会保险号等敏感信息	15
中	可能会在 Web 服务器上上载、修改或删除 Web 页面、脚本和文件	1
低	可能会收集有关 Web 应用程序的敏感信息，如用户名、密码、机器名和/或敏感文件位置	13
低	可能会检索有关站点文件系统结构的信息，这可能会帮助攻击者映射此 Web 站点	4
低	可能会绕开 Web 应用程序的认证机制	1

图 7-60　所包含的安全风险

原因 ❹

TOC

	原因	问题的数量
高	未对用户输入正确执行危险字符清理	4
高	诸如用户名、密码和信用卡号之类的敏感输入字段未经加密即进行了传递	1
低	Web 应用程序编程或配置不安全	14
低	Web 服务器或应用程序服务器是以不安全的方式配置的	4

图 7-61　问题出现的原因

在 WASC 威胁分类摘要中，可以查看威胁的分类以及个数，如图 7-62 所示。

威胁	问题的数量
传输层保护不足	1
跨站点脚本编制	2
内容电子欺骗	2
信息泄露	18

图 7-62　WASC 威胁分类及个数

查看行业标准报告的分析摘要，其中违反行业标准部分如图 7-63 所示。

违反部分

在规则的 6/10 个部分中检测到问题：

部分	问题的数量
A1 - Injection	0
A2 - Broken authentication	5
A3 - Sensitive Data Exposure	14
A4 - XML External Entities (XXE)	0
A5 - Broken Access Control	22
A6 - Security Misconfiguration	14
A7 - Cross site scripting (XSS)	2
A8 - Insecure Deserialization	0
A9 - Using Components with Known Vulnerabilities	14
A10 - Insufficient Logging and Monitoring	0

图 7-63　违反行业标准的部分及个数

通过对本项目的学习,了解到安全测试的概述、方法以及常见的安全漏洞问题,学习了安全测试与常规测试以及渗透测试之间的不同,掌握了渗透测试的测试流程以及全测试方法的使用。

一、填空题

1. _____指的是验证应用程序的安全等级以及识别潜在安全性缺陷的过程。

2. 软件安全性测试的方法有许多种,目前最主要的安全测试方法有_____、_____、_____。

3. _____是由专业的安全服务人员发起,并模拟常见黑客所使用的攻击手段对目标系统进行模拟入侵。

4. 信息收集的方式有_____、开放搜索等。

5. _____是一款 Web 应用安全测试工具,也是唯一在所有级别应用上提供安全纠正任务的工具。

二、简答题

1. 简述什么是安全测试。

2. 常见的安全漏洞有哪些?

项目八　自动化测试

　　通过本项目的学习,了解自动化测试的内容、基本流程以及实施策略,重点学习自动化测试常用的技术和常用工具及其特性,具有使用自动化测试工具进行测试的能力。在学习过程中:

● 了解自动化测试的难点。
● 掌握自动化测试的必要条件。
● 掌握脚本测试应用。
● 掌握 Selenium 工具的使用。

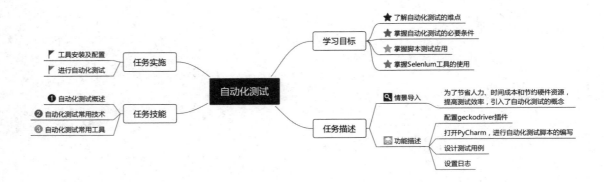

【情境导入】

为了节省人力、时间成本和节约硬件资源,提高测试效率,引入了自动化测试的概念。自动化性能测试工具模拟成千上万的用户向系统发送请求,从而验证系统处理能力。通常由测试人员根据测试用例中描述的规程逐步执行测试,最后将实际结果与期望结果作比较得到测试结果。

【功能描述】

● 配置 geckodriver 插件。
● 打开 PyCharm,进行自动化测试脚本的编写。
● 设计测试用例。
● 设置日志。

技能点一 自动化测试概述

1. 自动化测试介绍

自动化测试是软件测试的一种方式,运用工具和脚本来模拟人执行用例的过程。一般来说所有能替代人工测试的方式都属于自动化测试,具有效率高、花费时间短的特点。

与自动化测试相对应的是手工测试。手工测试用例少,软件规模比较小时,同样可以保证质量,并且测试过程更加简单,可根据情况进行变化。那么为什么还要进行自动化测试呢。在某些情况下,手动测试的确比较实用,但当项目功能积累到一定量且还需要往下迭代,并且迭代的周期越来越短时,需要测试的功能更多,测试用例也越来越多了。这时仅仅依靠手工测试,在短时间内不能保证测试的质量和规模,自动化测试的优势就展现了出来。除了上述提到的问题,自动化测试还具有以下优点。

（1）提高正确率

手工测试难免会出现失误，导致正确率会有偏差。

手工测试的过程中，由于考虑不周全会忽视一些问题，导致结果错误。

手工测试人员在反复的工作中，耐心受到考验，懈怠的情绪会导致测试结果出错。而以上手工测试出现的问题，自动化测试可以避免。

（2）更好地利用资源

将烦琐的任务自动化，可以提高准确性和测试人员的积极性，将测试技术人员解脱出来，使其有更多精力设计更好的测试用例。对于不适合自动化测试的内容，可以在之后进行单独测试。

（3）提高测试效率

在软件开发的过程中，迭代速度快，开发周期短。一个系统所有功能点可能成百上千，相比于手工测试，自动化测试可以增加效率。

（4）有利于回归测试

由于回归测试的动作和用例是完全设计好的，测试期望的结果也是完全可以预料的，将回归测试自动运行，可以极大提高测试效率，缩短回归测试时间。

2. 自动化测试基本流程和实施策略

实施自动化测试更需要严格的流程和策略，对测试人员的能力是一种极大的考验，成熟的测试人员可以完善自动化测试的过程，达到更高的覆盖率，减少人工测试的占比。

（1）基本流程

自动化测试的基本流程可以分为 7 个步骤，分别是分析测试需求、制订测试计划、搭建测试环境、编写测试脚本、执行测试脚本、记录测试问题和分析测试结果，如图 8-1 所示。

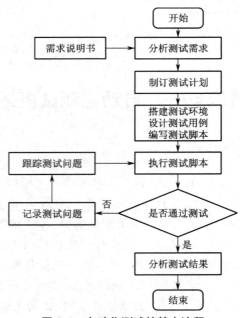

图 8-1　自动化测试的基本流程

图 8-1 中各个步骤,具体内容如下。

①分析测试需求。

根据需求说明书,以及实际项目系统整理自动化测试的功能点,尽量提高测试的覆盖率。一般来讲,基于 Web 功能测试需要覆盖页面链接、页面控件、页面功能、数据处理和模块业务逻辑,保证各个模块之间业务流畅,数据控件准确。

②制订测试计划。

自动化测试前,需要制订测试计划,明确测试对象和目的,分配测试人员、硬件资源、数据等等。

③设计测试用例。

通过分析测试需求,考虑到软件的真实使用环境,设计出能够尽可能覆盖需求点的测试用例,形成专门的测试用例文档。由于不是所有的测试用例都能用自动化测试来执行,所以需要将能够用自动化测试执行的用例汇总成自动化测试用例。

④搭建测试环境。

搭建测试环境包括被测系统的部署、测试硬件的调用、测试工具的安装和设置、网络环境的布置等。

⑤编写测试脚本。

根据制订的测试计划,应用结构化语句控制脚本的执行,插入检查点和异常判定反馈语句,将公共普遍的功能独立成共享脚本。脚本编写好后,需要反复执行,不断调试,直到运行正常为止。

⑥分析测试结果、记录测试问题。

应及时分析自动化测试结果,尽早发现缺陷。测试人员只需每天抽出时间查看结果分析,确认这些自动上报的缺陷是否是真实的系统缺陷。如果是系统缺陷就提交开发人员修复,如果不是系统缺陷,就应检查自动化测试脚本或者测试环境。

⑦跟踪测试问题。

测试记录的问题需要记录到对应的管理工具中去,以便定期跟踪处理。在开发人员对问题进行修复之后,需要对此问题执行回归测试,执行通过则关闭,否则继续修改。如果问题的修改方案发生了变化,在回归测试前,还需要对脚本进行必要的修改和调试。

(2)实施策略

对于自动化测试,许多团队均采用金字塔测试策略,该策略要求在 3 个不同级别进行自动化测试,如图 8-2 所示。

图 8-2　自动化测试实施策略

最底层为单元测试,其次是接口测试,占比最少的为 UI 测试。自动化测试的重点放在单元测试和接口测试,有利于加快整体项目开发进度,减少测试成本。

①单元测试。

单元测试要求对项目系统的每一个功能模块进行测试,主要是白盒测试,对代码内部逻辑结构进行测试。

②接口测试。

接口测试要求对数据传输、数据库等进行测试,目的是保证数据传输的正确性以及处理之后数据的完整性。接口测试一般使用白盒测试和黑盒测试结合的方式进行。

③UI 测试。

UI 测试主要以用户体验为主,其中一部分使用自动化测试,另一部分需要人工测试。

3. 自动化测试难点

自动化测试拥有很多的优势,但是自动化测试的难点和劣势也比较明显,许多公司并没大规模应用自动化测试,原因除了自身项目并不适合自动化测试之外,还有一些客观存在的难点,明确这些难点,就能更好地完成自动化测试的任务。自动化测试难点主要有以下几点。

(1)测试脚本维护工作量大

自动化测试主要依赖于脚本和测试用例,需要自动化测试人员和开发人员进行大量的沟通,了解软件系统中逻辑端口,并在开发过程中严格按照开发文档进行规范编写。当开发人员对软件系统进行修改时,也要通知测试人员及时进行调整和维护,以保证测试脚本的正确性,避免发生错误。

(2)测试人员有较好开发能力

编写测试脚本的人员需要有足够的能力,高质量地完成测试脚本以及及时地维护和调整,才能达到自动化测试的目的。

(3)投入周期长的软件项目

有些项目开发周期很短,而对应需求开发完成之后,自动化的脚本并没有完成,或者不完整。而开发项目速度快,迭代快。对于开发周期短的项目,并不能体现自动化测试的优势,投资大,但是效果不明显。

4. 应用自动化测试条件

自动化测试虽然解决了手工测试的很多问题,但是它也有限制的条件,并不是所有的软件都能无条件地应用自动化测试,自动化测试需要满足以下条件,才能有明显的效果。

(1)软件需求变动不频繁

测试脚本的稳定性决定了自动化测试的维护成本。项目中的某些模块相对稳定,而某些模块需求变动很大,可以对相对稳定的模块进行自动化测试,而变动较大的仍然采用手工测试。

(2)项目周期足够长

自动化测试的过程包括自动化测试需求的确定、自动化测试框架的设计、测试脚本的编写和调试等,这个过程本身就是一个测试软件的过程,只有软件开发的周期大于软件测试整体编写的周期,使用自动化测试才有意义。

（3）自动化测试脚本可以重复使用

可以重复利用的自动化脚本，能够大大降低开发成本，这也是自动化测试的目标。若只能测试部分模块功能，并且不能重复使用，那么对于这种测试脚本的使用率会降低，开发的意义就很小。

技能点二　自动化测试常用技术

自动化测试的技术有很多，例如脚本测试、数据驱动测试和录制与回放测试，下面具体介绍这些技术。

1. 脚本测试

测试脚本是测试计算机程序执行的指令集合，也是比较常见的测试技术。这些脚本一般由 JavaScript、Python、Pe、Java 等语言生成。测试脚本主要有以下几种。

（1）线性脚本

线性脚本是指通过手动执行测试用例所得到的脚本，包括基本的鼠标点击事件、数据输入和页面选择等操作。

（2）结构化脚本

结构化脚本可以灵活地测试具有逻辑顺序、函数调用的各种复杂功能。

（3）共享脚本

在测试中，一个脚本可以调用其他脚本进行测试，这些被调用的脚本就是共享脚本。共享脚本可以使脚本被多个测试用例共享。

2. 数据驱动测试

数据驱动是指从数据文件中读取输入数据，并将数据以参数的形式输入脚本测试。数据驱动模式实现了数据和脚本分离，应用数据驱动测试技术，提高了脚本利用率和可维护性，但是界面变化较大的情景不适合数据驱动测试。数据驱动测试主要包括以下几种。

（1）关键字驱动测试

常用的关键字主要包括被操作对象、操作和值。关键字驱动是数据驱动的改进，它将脚本与数据域分离、界面元素与内部对象分离、测试过程与实现细节分离。

（2）行为驱动测试

行为驱动测试是指根据不同的测试场景设计不同的测试用例。行为驱动测试是根据当前项目的业务需求以及数据进行的协作测试，需要开发人员和测试人员协作配合完成。行为驱动测试注重的是测试软件的内部运作变化，从而解决单元测试中实现的细节问题。

3. 录制与回放测试

录制是指当使用自动化测试工具对系统功能进行测试时，记录测试的操作过程。录制过程中程序数据和脚本混合，每一个测试过程都会生成单独的测试脚本。进行多次测试就需要多次录制。

录制过程会生成对应的脚本。回放可以查看录制过程中存在的错误和不足，如图片刷新缓慢、URL 地址无法打开等。

技能点三　自动化测试常用工具

1. 自动化测试工具介绍

在测试技术不停迭代更新的今天，自动化测试工具也飞速发展，种类越来越多，功能越来越强大，下面就来介绍几款常见的自动化测试工具。

（1）Appium

Appium 是一个移动端自动化测试开源工具，支持 iOS 和 Android 平台，支持 Python、Java 等语言。它的核心是一个 Web 服务器，并提供了一套 REST 的接口。测试过程中首先接收客户端的连接请求，之后继续监听命令，并在移动设备上执行，最后将执行的结果放在 HTTP 响应中返还给客户端。Appium 的图标如图 8-3 所示。

图 8-3　Appium 图标

（2）Selenium

Selenium 是一个开源的、免费用于 Web 应用程序测试的工具。Selenium 测试直接运行在浏览器中，模拟真正的用户操作。它能够通过多种方法定位 UI 元素，并将预期结果和表现进行对比，支持多平台、多种语言和简单的 API。Selenium 的图标如图 8-4 所示。

图 8-4　Selenium 图标

（3）Postman

Postman 提供功能强大的接口测试工具，主要进行 API 和 HTTP 请求的调试，它能够发送任何类型的 HTTP 请求，例如 GET、POST、PUT、DELETE 等等，同时能够携带任何数量的参数和 Headers 信息。Postman 的图标如图 8-5 所示。

图 8-5　Postman 图标

（4）SoapUI

SoapUI 提供了测试和完善测试所需的所有工具，并使用功能强大的 HTTP 监视器进行记录，以及进行客户端与服务器通信的分析和修改，能够实现数据驱动测试的创建和运行。

SoapUI 的图标如图 8-6 所示。

图 8-6　SoapUI 图标

（5）QTP

QTP 全称为"HP QuickTest Professional"，是自动化测试工具，主要进行 WebUI 测试、接口测试和 App 测试，提供符合所有主要应用软件环境的功能测试和回归测试的自动化。采用关键字驱动的理念以简化测试用例的创建和维护。它让用户可以直接录制屏幕上的操作流程，自动生成功能测试或者回归测试用例。专业的测试者也可以通过提供的内置脚本和调试环境来实现对测试和对象属性的完全控制。QTP 的图标如图 8-7 所示。

图 8-7　QTP 图标

（6）JMeter

JMeter 是利用 Java 实现、Apache 组织的开放源代码项目，主要用于接口测试、性能测试，模拟在服务器、网络或者其他对象上附加高负载以测试提供服务时的受压能力，分析在不同负载条件下的总性能情况。可以用于测试静态或者动态资源的性能，例如文件、Servlets、java 对象、Perl 脚本、数据库或者其他资源。JMeter 的图标如图 8-8 所示。

图 8-8　JMeter 图标

2. Selenium 自动化测试工具

Selenium 是一个开源免费自动化测试工具集，用于 Web 应用程序测试。Selenium 的主要功能是测试与浏览器的兼容性；测试系统功能，应用回归测试检验软件功能和用户需求。Selenium 支持动自动录制以及 .Net、Java、Perl 等不同语言测试脚本的自动生成。

Selenium 完成测试功能，主要由 3 个核心的组件构成，分别是 Selenium IDE、Selenium Remote Control 和 Selenium Grid。具体功能如下。

① Selenium IDE：开发脚本的集成开发环境，是一个 Firefox 插件，可以录制用户的基本操作，用于生成测试用例，再将测试用例转换为其他语言的自动化脚本。

② Selenium Remote Control（RC）：支持多种平台、多种浏览器、多种语言编写测试用例，对于不同语言提供了不同的 API 以及库，用于自动生成环境。

③ Selenium Grid：允许 Selenium-RC 针对规模庞大的测试案例集或者需要在不同环境中运行的测试案例集进行扩展，提高测试效率。

3. Selenium 功能特性

Selenium 作为自动化测试工具，有许多功能，这些功能也使 Selenium 拥有很多特性。具体的功能特性如下。

① Selenium 是一个开源和可移植的 Web 测试框架。

② Selenium IDE 为创作测试提供了回放和录制功能。

③它可以被视为领先的基于云的测试平台，可帮助测试人员记录他们的操作并将其导出为可重复使用的脚本，并具有易于理解且易于使用的界面。

④ Selenium 支持各种操作系统、浏览器和编程语言。其中，编程语言有 C#、Java、Python、PHP、Ruby、Perl 和 JavaScript 等。操作系统有 Android、iOS、Windows、Linux、Mac、Solaris 等。浏览器有谷歌浏览器、Mozilla Firefox、Internet Explorer、Edge、Opera、Safari 等。

⑤支持并行测试执行，减少时间并提高测试效率。

⑥ Selenium 可以与 TestNG 等测试框架集成，用于应用程序测试和生成报告。

⑦ Selenium 相比其他自动化测试工具，所需资源更少。

⑧ Selenium 测试脚本直接与浏览器交互，无须安装服务器。

⑨ Selenium 命令根据不同的类进行划分，使其更易于理解和实现。

4. Selenium 应用方法

Selenium 默认使用 Firefox 浏览器，因此在进行自动化测试时使用 Firefox 不需要额外配置，若使用 Chrome 以及 IE 浏览器时，需要下载对应的插件进行简单设置。

（1）浏览器操作方法

在应用 Selenium 进行自动化测试之前，首先要学习如何应用 Selenium 打开对应的界面，进行页面刷新、设置大小、页面截取和关闭页面等操作。

①打开指定页面。

应用 Python 语言调用 webdriver 库中方法 Firefox（），打开 OA 办公自动化系统登录页面，如示例代码 8-1 所示。

示例代码 8-1

```
from selenium import webdriver
driver = webdriver.Firefox（）
driver.get（"http://192.168-10.127:8088/logins"）
driver.quit（）
```

②等待时间。

打开页面之后，没有等待时间就执行 driver.quit（）方法，页面打开就会被关闭。这种情况下需要导入 time 包，设置停留等待时间，单位为秒，如示例代码 8-2 所示。

```
示例代码 8-2

from selenium import webdriver
import time

driver = webdriver.Firefox()
driver.get("http://192.168-10.127:8088/logins")
time.sleep(10)
driver.quit()
```

③页面刷新。

当添加了某些数据之后,页面可使用 driver.refresh()方法进行页面的刷新。其通常与 time.sleep()方法一起使用,如示例代码 8-3 所示。

```
示例代码 8-3

driver.refresh()
```

④设置页面大小。

模拟在特殊情况下,页面显示的情况,可以使用 maximize_window()方法设置全屏, set_window_size()方法设置页面分辨率,如示例代码 8-4 所示。

```
示例代码 8-4

driver.maximize_window()
driver.set_window_size(1024, 1980)
```

⑤页面关闭。

有两种关闭方式,分别是 close()方法和 quit()方法。close()方法是关闭当前窗口,用于关闭某一个具体的页面;quit()方法关闭所有页面窗口,并退出驱动,释放资源,当完成测试时,需要使用该方法,如示例代码 8-5 所示。

```
示例代码 8-5

driver.close()
driver.quit()
```

（2）Web 元素定位方法

在 UI 层面的自动化测试中,测试工具需根据对象识别方法对待测的对象进行识别,然后进行模拟操作。Selenium 的原理相同,对于 Web 项目应用,正确识别出 Web 元素是关键步骤,也是能否进行自动化测试的关键。下面具体介绍集中元素定位的方式。

① id 查找元素,如示例代码 8-6 所示。

```
示例代码 8-6

driver.find_element_by_id("userName")
```

② mame 查找元素,如示例代码 8-7 所示。

示例代码 8-7

driver.find_element_by_name（"userName"）

③ classname 查找元素，如示例代码 8-8 所示。

示例代码 8-8

driver.find_element_by_class_name（"input_td"）

（3）Xpath 定位

Selenium 定位元素的基本方法有很多，但是这些方法局限性很大。例如 id 属性，在编写项目时，每个元素不一定都有 id 属性，由于每一位开发人员的编程习惯不同，id 设置也是不同的。Selenium 提供了 Xpath 定位的方法。通过该方法可以避免这种情况带来的不可控性，准确性更高，但因为需要遍历整个页面，带来的负面影响就是数据查找性能较弱。

首先需要了解一下路径表达式、节点和 Xpath 的基本语法。

路径表达式，一般使用"/"" ."等符号组合的方式来表示对应的路径，如表 8-1 所示。

表 8-1　路径表达式

表达式	说明
nodename	选取此节点的所有子节点
/	从根节点进行选取
//	从匹配选择的当前节点选择文档中的节点，而不考虑它们的位置
.	选取当前节点
..	选取当前节点的父节点
@	选取属性

选取未知节点，通过 Xpath 通配符可以选取未知的元素，如表 8-2 所示。

表 8-2　Xpath 通配符

通配符	说明
*	匹配任何元素节点
@*	匹配任何属性节点
node（）	匹配任何类型节点

根据上述所学内容，举例说明不同表达式所表示的含义，如表 8-3 所示。

表 8-3　说明路径表达式

路径表达式	结果说明
user	选取 user 元素的所有子节点

路径表达式	结果说明
/user	选取根元素 user
user/my	选取输入 user 的子元素的所有 my 元素
//user	选取所有 user 子元素
user//my	选属于 user 元素的后代的所有 my 元素
//@zhang	选取名称为 zhang 的所有属性
/user/*	选取 user 元素的所有子元素
//*	选取文档中的所有元素
//title[@*]	选取所有带有属性的 title 元素

学习了基本的路径表达式之后，开始学习常用的 Xpath 定位方法。

基本的属性如示例代码 8-9 所示。

示例代码 8-9

xpath = "// 标签名 [@ 属性 =' 属性值 ']"

---

①属性定位，如示例代码 8-10 所示。

示例代码 8-10

xpath = "//a[@id='start_time]"

//a 表示选取所有 a 元素，加上 [@id='start_time] 表示选取 id 属性为 'start_time 的 a 元素

相似的 name、classname 等属性，都使用同样的方式。属性的类别没有特殊限制，只要能够唯一标识一个元素即可。当某个属性不足以唯一区别某一个元素时，也可以采取多个条件组合的方式，如示例代码 8-10 所示。

示例代码 8-10

xpath= "//input[@type='XX' and @name='XX']"

---

②绝对路径。

绝对路径是 Xpath 识别对象中最为简单的一种方法，先设置测试对象在页面中的完整路径地址，之后通过设置的绝对路径地址进行查找。

例如，对页面中某个元素进行查询的方法，应用绝对路径的知识，如示例代码 8-11 所示。

示例代码 8-11

driver.find_element_by_xpath（"html/body/div[3]/div/form/table/tbody/tr/td"）

对应的绝对路径是通过浏览器插件根据页面中开头位置一层一层进行解析所获取的，若对页面代码进行修改，则无法再次使用。

③相对路径。

与绝对路径相对应的是相对路径,相对路径仅仅表示测试对象的相对位置,只要测试对象本身不发生变化,那么依旧可以查找到对象元素。应用所学的路径表达式,即可编写相对路径,如示例代码 8-12 所示。

示例代码 8-12

```
driver.find_element_by_xpath(".//*form/table/tbody/tr/td")
```

(4)外部设备操作

外部设备包括鼠标和键盘,自动化测试需要模拟用户外部设备的操作,在应用模拟操作时,Python 语言需要引入对应的类包来完成操作。

Selenium 针对鼠标的各种操作,需引入 ActionChains 类,如示例代码 8-13 所示。

示例代码 8-13

```
from selenium.webdriver.common.action_chains import ActionChains
```

①鼠标单击。

模拟鼠标点击某个 name 属性为 submit 的按钮,如示例代码 8-14 所示。

示例代码 8-14

```
driver.find_element_by_name("submit").click()
```

②鼠标双击。

模拟鼠标双击某个 name 属性为 submit 的按钮,可以先定位该元素,再进行双击模拟,如示例代码 8-15 所示。

示例代码 8-15

```
DoubleClick = driver.find_element_by_name("submit")
ActionChains(driver).double_click(DoubleClick).perform()
# 或者直接定义位置
#    ActionChains(driver).double_click(driver.find_element_by_name("submit")).per-
form()
```

③鼠标右键单击。

模拟对某个元素进行鼠标右键单击操作,如示例代码 8-16 所示。

示例代码 8-16

```
ActionChains(driver).context_click(driver.find_element_by_name("submit")).perform
()
```

④鼠标拖拽。

模拟对某个元素进行拖拽操作,需设置开始拖拽的起始元素和目标元素,应用 drag_and_drop()方法进行拖拽,如示例代码 8-17 所示。

示例代码 8-17

```
source = driver.find_element_by_name("username")
target = driver.find_element_by_name("password")
ActionChains(driver).double_click(driver.find_element_by_name("submit")).per-
form()
ActionChains(driver).drag_and_drop(source,target).perform()
```

Selenium 针对键盘的各种操作,需引入 Keys 类,如示例代码 8-18 所示。

示例代码 8-18

```
from selenium.webdriver.common.keys import Keys
```

⑤键盘输入。

模拟通过键盘输入用户名和密码的操作,示例代码 8-19 所示。

示例代码 8-19

```
driver.find_element_by_name("username").send_keys("admin")
driver.find_element_by_name("password").send_keys("123456")
```

⑥键盘回车。

模拟敲击键盘回车键的操作,如示例代码 8-20 所示。

示例代码 8-20

```
driver.find_element_by_name("submit").send_keys(Keys.ENTER)
```

⑦键盘删除。

模拟键盘回退删除字符操作,如示例代码 8-21 所示。

示例代码 8-21

```
word = driver.find_element_by_name("username")
word.send_keys("admin")
word.send_keys(Keys.BACKSPACE)
```

任 务 实 施

　　根据所学习的 Selenium 自动化测试工具相关的知识,对 OA 办公自动化系统用户登录、新增用户等功能进行测试。在进行自动化测试之前需要安装对应的驱动插件,以 Python 语言创建测试脚本、执行脚本,模拟用户使用系统,来完成系统测试。

第一步：工具安装及配置。

（1）下载 Firefox

Selenium 自动化测试工具默认的浏览器是 Firefox。可访问官方网站 http：//www.fire-fox.com.cn/ 进行下载安装，如图 8-9 所示。

图 8-9　Firefox 官方网站

（2）下载 geckodriver 的驱动插件进行驱动

访问官方网站 https：//github.com/mozilla/geckodriver/releases，根据本地环境选择类型进行下载，如图 8-10 所示。

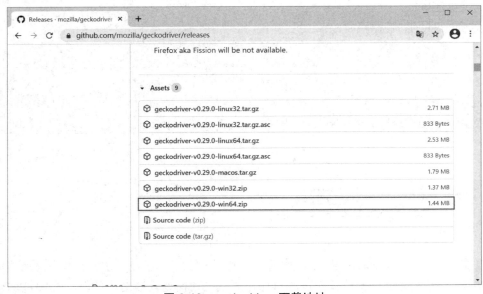

图 8-10　geckodriver 下载地址

（3）解压

下载完成后，将其解压在 Firefox 的安装目录下即可，如图 8-11 所示。

图 8-11　将 geckodriver 解压于 Firefox 安装目录

（4）配置本地环境变量

编辑"Path"，设置 Firefox 浏览器目录地址即可，如图 8-12 所示。

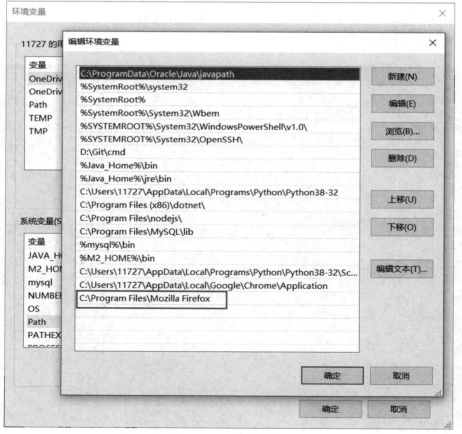

图 8-12　配置环境变量

（5）打开命令指示符，输入"geckodriver -V"命令

看到对应的版本信息，说明 geckodriver 已经成功配置，如图 8-13 所示。

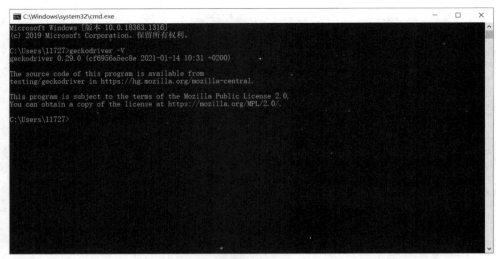

图 8-13　配置 geckodriver 成功

（6）打开 PyCharm，进行自动化测试脚本的编写

打开 PyCharm，选择"File"→"Settings"→"Project：项目名称"点击右方"+"添加对应的 Selenium 包，如图 8-14 所示。

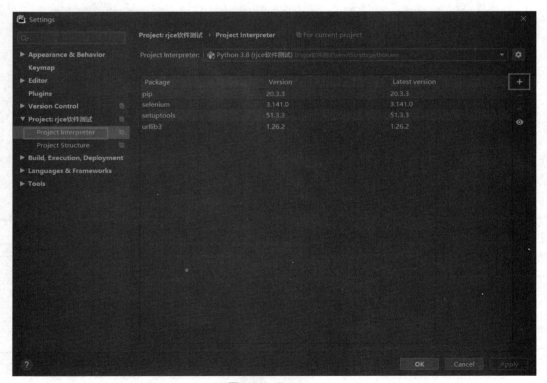

图 8-14　Settings

（7）安装 Selenium

在出现的框体上方，搜索"selenium"，并点击左下角"Install Package"。安装好后就可以使用 Selenium 自动化测试工具了，如图 8-15 所示。

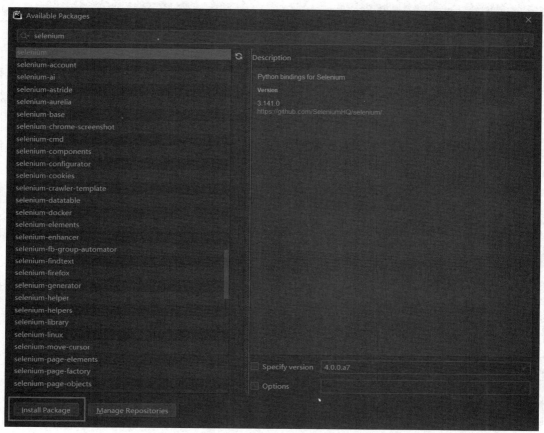

图 8-15　安装 selenium 包

第二步：进行自动化测试。

进行了相关的配置之后，需设计测试用例，编写自动化测试脚本，设置日志等。

（1）设计测试用例

设计登录模块的测试用例、页面、步骤以及测试数据。如表 8-4 所示。

表 8-4　登录模块测试用例

页面	步骤	数据
浏览器	Firefox	http://192.168.10.127：8088/logins
登录	用户名	13272143450
登录	密码	123456
登录	登录	——
主页	——	操作成功

设计用户管理模块新增功能测试用例,如表 8-5 所示。

表 8-5　用户管理模块新增功能测试用例

页面	步骤	数据
浏览器	主页	http://192.168-10.127:8088/index
菜单栏	用户管理	点击跳转
新增	用户名	zhang
新增	电话	156××××××××
新增	真实姓名	小张
新增	Email	1142365×××@qq.com
新增	地址	天津市
新增	学历	本科
新增	毕业院校	天津师范大学
新增	身份证号	1201051987××××××××
新增	银行账号	62170029401×××××××
新增	部门	研发部
新增	职位	程序员
新增	角色	职员
新增	工资	5 000
新增	入职时间	2021-01-03
新增	保存	—
用户管理	—	操作成功

(2)新建项目"rjce 软件测试",创建部分文件

Actiontest.py 测试脚本、Log.py 管理日志级别、Logger.conf 日志配置、geckodriver 为驱动日志在测试工程中会自动生成,无须额外创建。整体项目结构如图 8-16 所示。

图 8-16　rjce 软件测试项目结构

（3）编写 Logger.conf 文件，将其作为日志的配置文件

每次进行自动化测试之后，对应输出的信息都会记录在 D 盘的 AutoTestLog.log 文件中，方便大量测试之后对信息进行整理和处理，示例代码 8-22 所示。

示例代码 8-22 Logger.conf

```
[loggers]
keys=root,example01,example02
[logger_root]
level=DEBUG
handlers=hand01,hand02
[logger_example01]
handlers=hand01,hand02
qualname=example01
propagate=0
[logger_example02]
handlers=hand01,hand03
qualname=example02
propagate=0
#####################################
[handlers]
keys=hand01,hand02,hand03
[handler_hand01]
class=StreamHandler
level=DEBUG
formatter=form01
args=(sys.stderr,)
[handler_hand02]
class=FileHandler
level=DEBUG
formatter=form01
args=('d:\\AutoTestLog.log','a')
[handler_hand03]
class=handlers.RotatingFileHandler
level=INFO
formatter=form01
args=('d:\\AutoTestLog.log','a',10*1024*1024,5)
[formatters]
```

```
keys=form01,form02
[formatter_form01]
format=%(asctime)s %(filename)s[line:%(lineno)d] %(levelname)s %(message)s
detefmt=%Y-%m-%d %H:%M:%S
[formatter_form02]
format=%(name)-12s: %(levelname)-8s %(message)s
detefmt=%Y-%m-%d %H:%M:%S
```

（4）编写 Log.py 文件

用于管理日志级别，可以在测试脚本中进行调用，如示例代码 8-23 所示。

示例代码 8-23 Log.py

```
import logging.config

logging.config.fileConfig("Logger.conf")

def debug(message):
    # debug 级别的日志方法
    logging.debug(message)

def warning(message):
    # warning 级别的日志方法
    logging.warning(message)

def info(message):
    # info 级别的日志方法
    logging.info(message)
```

（5）编写 Actiontest.py 文件

作为测试脚本，用来模拟用户登录和添加用户的操作，如示例代码 8-24 所示。

示例代码 8-24 Actiontest.py

```
from selenium import webdriver
from selenium.webdriver.support.ui import Select
from Log import *
import time

info("测试开始")
driver = webdriver.Firefox()
```

```
driver.get("http://192.168-10.127:8088/logins")
info("跳转网页")
# 输入用户名、密码,点击登录按钮登录主页
driver.find_element_by_name("userName").send_keys("13272143450")
driver.find_element_by_name("password").send_keys("123456")
info("用户登录")
driver.find_element_by_xpath("/html/body/div[1]/div/div/div[1]/form/div/button").
click()
# 点击左侧菜单栏
time.sleep(2)
driver.find_element_by_xpath("//*[@id='accordion']/div/div[3]/a").click()
time.sleep(2)
driver.find_element_by_xpath("//*[@id='collapse2']/ul/li[4]/a").click()
time.sleep(2)
# 跳转至新增页面
driver.get("http://192.168-10.127:8088/useredit")
info("新增页面跳转,新增数据")
time.sleep(2)
# 新增数据
driver.find_element_by_name("userName").send_keys("zhang")
driver.find_element_by_name("userTel").send_keys("15609871233")
driver.find_element_by_name("realName").send_keys("小张")
driver.find_element_by_name("eamil").send_keys("1142365413@qq.com")
driver.find_element_by_name("address").send_keys("天津市")
driver.find_element_by_name("userEdu").send_keys("本科")
driver.find_element_by_name("school").send_keys("天津师范大学")
driver.find_element_by_name("idCard").send_keys("120105198708191517")
driver.find_element_by_name("bank").send_keys("6217002940101993214")
Select(driver.find_element_by_name("deptid")).select_by_index(1)
Select(driver.find_element_by_name("roleid")).select_by_index(5)
driver.find_element_by_name("salary").send_keys("5000")
driver.find_element_by_name("hireTime").send_keys("2021-01-03")
time.sleep(4)
driver.find_element_by_xpath("//*[@id='save']").click()
info("保存数据")
time.sleep(8)
driver.quit()
```

（6）运行 Actiontest.py 测试脚本

模拟用户使用系统，查看最后的结果，效果如图 8-17 所示。

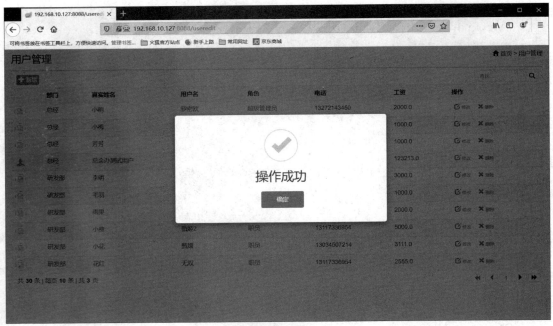

图 8-17　测试成功

根据测试脚本的执行情况，日志信息会被打印在 AutoTestLog.log 日志文档中，如图 8-18 所示，显示内容包括具体时间、输出的日志级别以及具体信息。这些信息可通过修改脚本中的代码修改，根据实际的测试需求，获取不同的日志信息。

图 8-18　日志信息

通过对本项目的学习，了解了自动化测试的基本流程及其测试难点，学习了自动化测试

常用技术,如脚本测试、数据驱动测试、录制与回放测试,掌握了如何使用自动化测试工具
Selenium 进行自动化测试的方法。

一、填空题

1._____是软件测试的一种方式,运用工具和脚本来模拟人执行用例的过程。

2. 自动化测试的基本流程包括_____,_____、_____、
_____、_____、记录测试问题和分析结果几个步骤。

3._____是测试计算机程序执行的指令集合,也是比较常见的测试技术。

4._____是指从数据文件中读取输入数据,并将数据以参数的形式输入脚本
测试。

5._____是指根据不同的测试场景设计不同的测试用例。

二、简答题

1. 简述自动化测试的条件。

2. 自动化测试常用工具有哪些?

附件一　　OA 协同办公管理系统需求说明书

目　　录

1. 引言

1.1　编写目的

本文档将列举实现 OA 协同办公管理系统所需要的全部功能,并对每个功能进行简单的描述。

本文档的预期读者包括最终用户、项目负责人、评审人员、产品人员、软件设计开发人员和测试人员。

1.2　背景

随着信息化时代的到来,通过计算机软件实现协同办公的电子化管理,提高资产管理的准确性,方便查询和易于维护,进而提高工作效率,是每一个企业的需求。

1.3　名词、缩略词

名词 / 缩略词	解释
collaboration	协作
approve	审批
management	管理

1.4　参考资料

无。

2. 项目概述

2.1　建设目标

本项目的目标是建立符合一般企业实际管理需求的协同办公管理系统,包括系统管理、用户管理、角色列表、考勤管理、公告管理、邮件管理、任务管理、日程管理、工作计划等模块,也提供了各种格式的文件下载通道,对企业的办公信息进行精确的审批,并提供有效服务,从而减轻资产管理部门从事低层次信息处理和分析工作的人员的负担,解放管理员的"双手大脑",提高工作质量和效率。

2.2　技术要求

OA 协同办公管理系统是使用 SpringBoot 框架的系统。其使用 Maven 进行项目管理,MySQL 作为底层数据库,前端采用 freeMarker 模板引擎,Bootstrap 作为前端 UI 框架,并集成了 jpa、Mybatis 等框架。项目以功能齐全为一大亮点,可以满足各类公司的办公管理需求,且满足如下要求。

①功能方面:系统满足业务逻辑各功能需求的要求。

②易用性方面:通过使用主流的浏览器 / 服务器架构,保证用户使用本系统的易用性良好。

③兼容性方面:通过系统设计以及兼容性框架设计,满足对主流浏览器兼容的要求。

④安全性方面:系统对敏感信息(如用户密码)进行相关加密。

⑤UI 界面方面:界面简洁明快,用户体验良好,提示友好,必要的变动操作有"确认"环节。

3. 平台、角色和权限

3.1　平台介绍

OA 协同办公管理系统面向组织的日常运作和管理,是员工及管理者使用频率最高的应用系统,可以极大地提高公司的办公效率。

3.2　角色介绍

角色模块	权限
超级管理员	管理全部角色的添加、删除、修改、设定权限等
CEO	查看、修改下属角色的审批、工作记录
总经理	管理部门经理、职员、实习生等角色权限
部门经理	管理本部门对应职员权限
职员	提交工作申请
实习生	提交工作申请
试用生	提交工作申请

4. 需求说明

4.1　登录界面

4.1.1　需求描述

用户输入用户名、密码及验证码后进入该系统主页面,添加验证码可以提高系统的安全性。

4.1.2　行为人

行为人包括超级管理员、CEO、总经理、部门经理、职员、实习生、试用生。

4.1.3　UI 页面

登录界面

4.1.4　业务规则

用户获得用户名和密码后,分别在相应的输入框输入,并输入验证码后面显示的数字或字母,点击"LOGIN"按钮即可登录该系统。点击验证码图画框可更换验证码,用户名、密码和验证码都输入正确才能登录成功。

4.2　系统管理

4.2.1　需求描述

该模块中包含类型管理和菜单管理。

类型管理页面,用户可在该页面对系统内的各个类型进行排序,并对其进行新增、刷新、修改、查看、删除等操作。

菜单管理页面,用户可在该页面对菜单进行操作,包括对其进行新增、刷新、修改、删除、排序等操作。

4.2.2　行为人

行为人为超级管理员。

4.2.3　UI 页面

类型管理界面

菜单管理界面

4.2.4 业务规则

仅超级管理员可对该模块进行添加和修改操作。

4.3 用户管理

4.3.1 需求描述

该模块包含部门管理、在线用户、职位管理、用户管理4个模块。

部门管理页面显示系统内所有部门,用户可对其进行新增、修改、删除等操作,还可对部门人事调动进行修改。

用户登录记录页面显示各个用户账号的登录时间、IP及其使用的浏览器等情况,用户可将详细信息进行打印。

职位管理页面显示系统内各个职位名称及层级,用户可对其进行修改操作。

用户管理页面显示系统内所有用户基本信息,用户可在该页面进行新增、查询、修改、删除等基本操作。

4.3.2 行为人

行为人包括超级管理员、CEO、总经理。

4.3.3 UI页面

部门管理界面

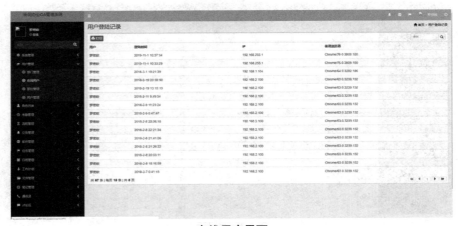

在线用户界面

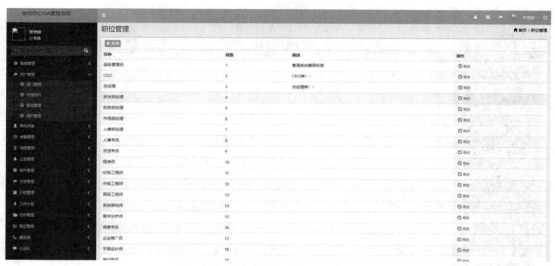

职位管理界面

用户管理界面

4.3.4　业务规则

在该模块中,超级管理员、CEO、总经理可查看在线用户,并对部门、职位、用户等信息进行添加、修改、删除等操作。

4.4　角色管理

4.4.1　需求描述

角色管理页面显示系统内所有角色的基本信息,用户可在该页面进行新增、删除、修改等基本操作,还可对各类角色的权限进行修改。

4.4.2　行为人

行为人为超级管理员。

4.4.3　UI 页面

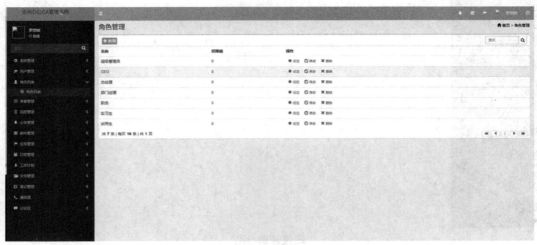

角色管理界面

4.4.4　业务规则

在该模块中,超级管理员可新添、修改或删除角色,并为其设定权限。

4.5　考勤管理

4.5.1　需求描述

考勤管理页面显示所有用户的考勤情况,用户可在该页面查看员工的考勤状态、登录时间、IP 等基本信息。

考勤周报表页面按照部分显示部门内员工的考勤情况。

考勤月报表页面按照部分显示部门内员工的考勤情况。

4.5.2　行为人

行为人包括超级管理员、CEO、总经理、部门经理、职员、实习生、试用生。

4.5.3　UI 页面

考勤管理界面

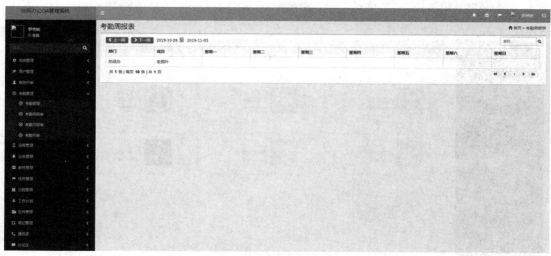

考勤周报表界面

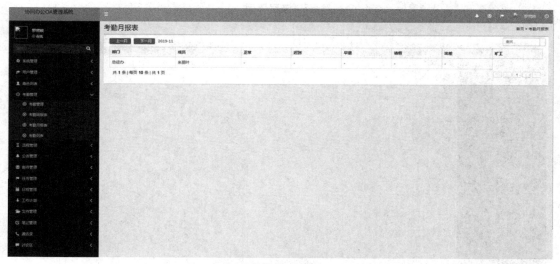

考勤月报表界面

4.5.4 业务规则

在该模块中,超级管理员可对考勤情况进行查看、修改状态、删除操作,其他角色只能查看自己的考勤情况。

4.6 流程管理

4.6.1 需求描述

该模块包含新建流程和我的申请。

新建流程页面显示公司内各个流程的基本情况及信息。

我的申请页面显示当前用户的各类申请,可随时查看该申请的状态。

4.6.2 行为人

行为人包括超级管理员、CEO、总经理、部门经理、职员、实习生、试用生。

4.6.3 UI 页面

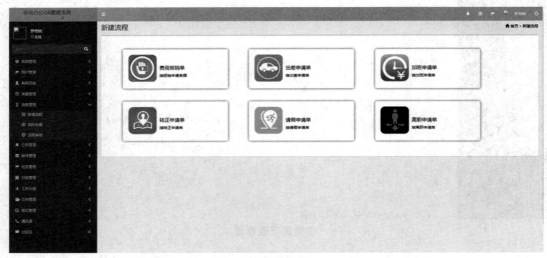

新建流程界面

流程审核界面

4.6.4 业务规则

在该模块中,用户可在新建流程中选择自己所要提交的申请,按照审批流程提交至各自的主管进行审批,且用户可随时在线查看审批进度。

4.7 公告管理

4.7.1 需求描述

通知管理页面显示系统内各类通知信息,可进行新增、修改、删除等基本操作,还可对各个通知进行置顶、附加链接等操作。

4.7.2 行为人

行为人包括超级管理员、CEO、总经理、部门经理。

4.7.3　UI 页面

公告管理界面

4.7.4　业务规则

在该模块中,超级管理员、CEO、总经理、部门经理可在线发布任务通知、公告信息,并对其进行修改、删除等操作。其他角色可在线查看任务,并点击链接。

4.8　邮件管理

4.8.1　需求描述

该模块分为账号管理和邮件管理两部分。

账号管理页面显示发送不同邮件的各类账号信息,用户可对其进行修改、增加、删除等操作。

邮件管理页面可对发送的邮件进行管理,对邮件按照邮件、通知、公告等进行分类,显示收件箱、发件箱和草稿箱的状态。

4.8.2　行为人

行为人包括超级管理员、CEO、总经理、部门经理、职员、实习生、试用生。

4.8.3　UI 页面

账号管理界面

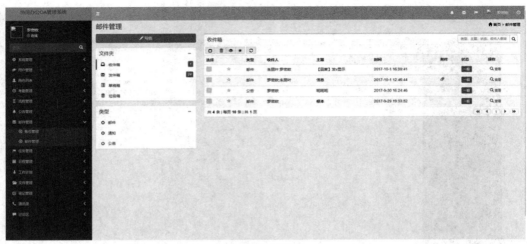

邮件管理界面

4.8.4　业务规则

在该模块中所有用户均可登录,进行邮件的发送与查看,超级管理员可对系统邮件进行修改和删除操作。

4.9　任务管理

4.9.1　需求描述

该模块包含任务管理和我的任务两部分。

任务管理页面显示系统内所有发布的任务信息并显示其发布时间和状态等基本信息,并可对其进行增加、修改、删除等基本操作。

我的任务页面显示当前登录用户的任务,并显示其完成状态。

4.9.2　行为人

行为人包括超级管理员、CEO、总经理、部门经理、职员、实习生、试用生。

4.9.3　UI 页面

任务管理界面

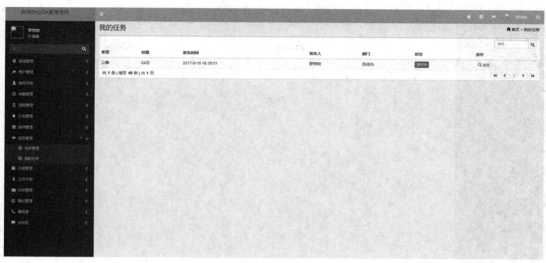

我的任务界面

4.9.4　业务规则

在该模块中超级管理员、CEO、总经理、部门经理可进行任务的发布、修改、更新等操作。总经理、部门经理、职员、实习生、试用生可在线查看个人的任务与进展情况。

4.10　日程管理

4.10.1　需求描述

日程管理页面显示系统内所有日程,并显示其状态和完成部门的信息,用户可对其进行新增、修改、删除等操作。

我的日历页面显示当前登录用户添加的日程信息。

4.10.2　行为人

行为人包括超级管理员、CEO、总经理、部门经理、职员、实习生、试用生。

4.10.3　UI 页面

日程管理

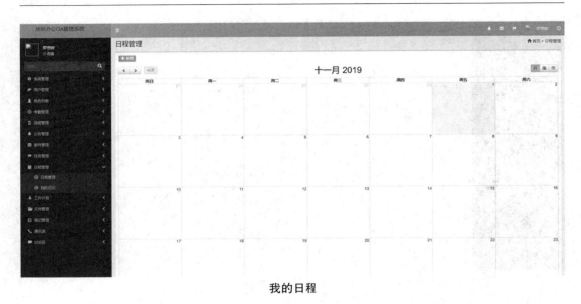

我的日程

4.10.4　业务规则

在该模块中,每个用户可在"我的日历"中添加自己的任务与进度信息。日程管理中则显示的是全部用户、部门的日程信息。

4.11　工作计划

4.11.1　需求描述

计划管理模块显示系统内的所有计划,包括周计划、月计划、日计划等,并显示发布时间及其状态,还可对计划进行添加、修改、删除等操作。

4.11.2　行为人

行为人包括超级管理员、CEO、总经理、部门经理、职员。

4.11.3　UI 页面

计划管理界面

4.11.4　业务规则

用户在该模块中可对个人工作进行计划整理,可划分为周计划与日计划,并为每日工作或每周工作内容创建链接进行上传。

4.12　文件管理

4.12.1　需求描述

文件管理页面显示系统内各个用户上传的文件,包括文档、图片、音乐和视频等,用户可在该页面进行文件的上传。

4.12.2　行为人

行为人包括超级管理员、CEO、总经理、部门经理、职员、实习生、试用生。

4.12.3　UI 页面

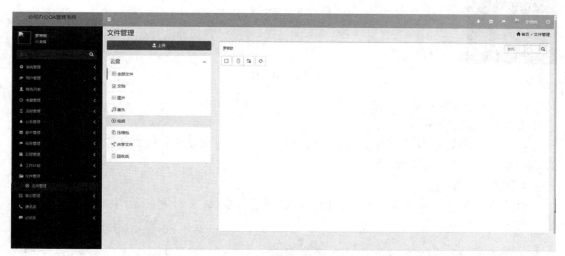

文件管理界面

4.12.4　业务规则

在该模块中每个用户可对文档、图片、音乐、视频、压缩包等文件进行上传。

4.13　笔记管理

4.13.1　需求描述

笔记管理页面显示系统内所有笔记,包括我的笔记、公共笔记和共享笔记等信息,并可对发布的笔记进行修改、删除等操作。

4.13.2　行为人

行为人包括超级管理员、CEO、总经理、部门经理、职员、实习生、试用生。

4.13.3　业务规则

在该模块中,每个用户均可对自己上传的不同类型的笔记进行查看与修改操作,对其他用户上传的笔记只能进行查看操作。

4.13.4　UI 页面

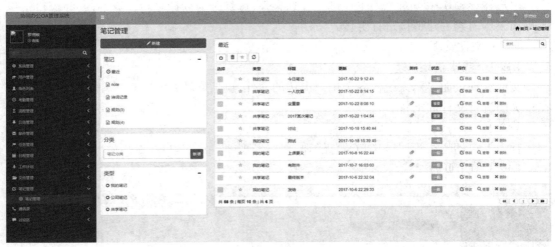

笔记管理界面

4.14　通讯录

4.14.1　需求描述

通讯录页面显示系统内所有用户的通讯信息,包括内部通讯和外部通讯录等信息,用户可在该页面进行添加、修改、查看等操作。

4.14.2　行为人

行为人包括超级管理员、CEO、总经理、部门经理、职员、实习生、试用生。

4.14.3　UI 页面

通讯录管理界面

4.14.4　业务规则

在该模块可查看每位用户的基本信息与联系电话。

附件二　OA 协同办公管理系统测试方案

目　录

1. 概述

1.1 编写目的

编写本测试方案的目的是用于指导 OA 协同办公管理系统的测试设计和执行工作。在全面了解项目需求的基础上，准确定义测试范围，明确本次测试的目标和任务，以及完成测试工作的硬件和软件环境资源要求。通过制订测试计划，明确人员分工、时间进度安排和各阶段工作内容，使测试工作顺利进行。同时，对本次测试的相关风险作出分析。

本文档的主要阅读对象为测试人员、项目负责人、管理和评审人员、软件开发人员和用户方人员。

1.2 测试范围

本次测试以基于 SpringBoot 框架的"OA 协同办公管理系统"应用为测试方向。在 Web 端完成功能测试、界面测试和兼容性测试。主要模块包括系统管理、用户管理、角色列表、考勤管理、流程管理、公告管理、邮件管理、任务管理、日程管理、工作计划、文件管理、笔记管理等。在 Chrome 浏览器上完成 Web 端功能和界面测试，并采用 IE8 浏览器执行该系统浏览器兼容性测试。

1.3 项目背景

随着信息化时代的到来，实现资产的电子化管理，是任何一个企业的需求。计算机软件的使用可提高资产管理的准确性，方便查询和维护，提高工作效率，是实现这一目标的有效途径。本次测试的目标系统，就是一个符合实际办公管理需求的系统。它通过对事业单位及企业的资产信息进行精确的维护和有效的服务，减轻资产管理部门从事低层次信息处理和分析工作的人员的负担，解放管理员的"双手大脑"，提高工作质量和效率。

2. 测试任务

2.1 测试目的

本次测试的主要目标是验证系统功能，发现系统在实现中的问题，检查用户界面的友好性和兼容性，评估系统的能力，验证软件系统是否能够达到用户提出的性能指标，同时发现软件系统中存在的性能瓶颈。

提高用户体验包括：在 Web 端执行功能测试、检验系统功能、检查界面友好性和易用性，以及浏览器兼容性；在 Web 端执行性能测试，检验系统性能是否达标。

2.2 测试参考文档

OA 协同办公管理系统需求说明书；

测试方案模板；

测试用例模板；

Bug 提交模板；

测试总结报告模板；

性能测试总结模板；

"软件测试"项目竞赛任务书。

2.3 测试提交文档

OA 协同办公管理系统测试方案；

OA 协同办公管理系统测试用例；

OA 协同办公管理系统 Bug 缺陷报告清单；

Bug 提交信息截图；

OA 协同办公管理系统性能测试报告；

OA 协同办公管理系统测试总结报告；

文档提交信息截图。

3. 测试资源

3.1　硬件配置

关键项	数量	配置
测试 PC 机	5	2.0 GHZ 处理器，2 G 以上内存，显示器要求 1024*768 以上

3.2　软件配置

资源名称	配置
操作系统环境	Windows7、8、10
浏览器环境	Chrome、IE、Firefox
功能性测试工具	手工测试

3.3　人力资源分配

角色	人员	主要职责
测试负责人	CS001	制订测试方案和计划，测试过程中的工作协调，执行白盒测试，完成代码检查，提交 Bug 缺陷，参与性能测试需求分析，录制脚本和设计场景，执行性能测试，编写性能测试报告，审核缺陷报告，编写测试总结报告，提交文件，整理现场
测试工程师	CS002	参与测试需求分析，编写测试用例，执行测试过程，提交 Bug 缺陷，完成测试用例及缺陷报告汇总工作
测试工程师	CS003	参与测试需求分析，编写测试用例，执行测试过程，提交 Bug 缺陷，辅助完成测试用例及缺陷报告汇总工作

4. 功能测试计划

整体模块功能划分如下表所示。

需求编号	模块名称	子模块名称	功能名称	测试人员
XTBG-001	登录	登录	验证码切换、登录	CS001
XTBG-002	系统管理	类型管理	查找、新增、刷新、修改、查看、删除	CS001
XTBG-003		菜单管理	查找、新增、刷新、上移、下移、修改、删除	CS001
XTBG-004		状态管理	查找、新增、刷新、修改、查看、删除	CS001

需求编号	模块名称	子模块名称	功能名称	测试人员
XTBG-005	用户管理	部门管理	新增、修改、人事调动、删除	CS001
XTBG-006		在线用户	查找、打印	CS001
XTBG-007		职位管理	新增、修改	CS001
XTBG-008		用户管理	查找、新增、修改、删除	CS001
XTBG-009	角色列表	角色列表	新增、设定、修改、删除	CS001
XTBG-010	考勤管理	考勤管理	刷新、修改、删除、翻页	CS001
XTBG-011		考勤周报表	查找、翻页	CS001
XTBG-012		考勤月报表	查找、翻页	CS001
XTBG-013		考勤列表	刷新、查找、翻页	CS001
XTBG-014	流程管理	新建流程	申请分类	CS001
XTBG-015		我的申请	刷新、查看、查找、翻页	CS001
XTBG-016		流程审核	刷新、查找、审核、查看、翻页	CS001
XTBG-017	公告管理	通知管理	新增、刷新、查找、修改、查看、删除、链接、翻页	CS001
XTBG-018		通知列表	刷新、查找、查看、转发、删除、翻页、链接	CS001
XTBG-019	邮件管理	账号管理	查找、新增、修改、删除	CS001
XTBG-020		邮件管理	编辑信件、查看邮件、全选、删除、刷新、翻页、打印、回复、转发、返回	CS001
XTBG-021	任务管理	任务管理	查找、新增任务、修改、查看、删除	CS001
XTBG-022		我的任务	查找、查看、翻页	CS001
XTBG-023	日程管理	日程管理	查找、新增、查看状态、修改、删除	CS001
XTBG-024		我的日历	新增、更换日历模式为月/周/天的模式、在日历框中添加记录	CS001
XTBG-025	工作计划	计划管理	查找、新增、附件添加、修改、删除	CS001
XTBG-026		计划报表	查找、查看日计划、周计划、月计划、翻页	CS001
XTBG-027	文件管理	文件管理	上传文档、图片、音乐、视频、压缩包文件	CS001
XTBG-028	笔记管理	笔记管理	新建笔记、删除笔记、刷新笔记、添加附件、修改、查看、删除、新增笔记分类、查找	CS001
XTBG-029	通讯录	通讯录	查找、刷新、新增联系人、新增通讯录分类、按照字母进行划分	CS001

5. 性能测试计划

OA 协同办公管理系统的 PC 端性能测试如下表所示。

测试内容	测试脚本	描述
登录		录制平台用户登录平台业务脚本并在脚本中插入集合点。实现并发登录操作
创建角色		录制平台用户创建角色脚本并在脚本中插入集合点。实现并发角色创建操作
设定权限		录制平台用户登录平台为角色设定权限脚本并在脚本中插入集合点。实现并发权限设定操作
考勤管理		录制平台用户登记考勤记录脚本并在脚本中插入集合点。实现并发考勤记录操作
申请提交审批		录制平台用户提交工作申请脚本并在脚本中插入集合点。实现并发申请提交、审批操作
任务发布		录制平台用户发布工作任务脚本并在脚本中插入集合点。实现并发任务发布操作
文件上传		录制平台用户文件上传脚本并在脚本中插入集合点。实现并发文件上传操作
通讯方式添加		录制平台用户添加通讯方式脚本并在脚本中插入集合点。实现并发添加通讯方式操作
退出		录制平台用户退出平台业务脚本并在脚本中插入集合点。实现并发退出操作

OA 协同办公管理系统的 PC 端性能测试场景如下表所示。

场景 1							
测试内容	虚拟用户数	用户初始化	持续时长	递增虚拟用户数	递增时长	递减虚拟用户数	递减时长
登录	50	加入前初始化	5 min	5	10 s	5	10 s
场景 2							
测试内容	虚拟用户数	用户初始化	持续时长	递增虚拟用户数	递增时长	递减虚拟用户数	递减时长
创建角色	50	加入前初始化	5 min	5	10 s	5	10 s
场景 3							
测试内容	虚拟用户数	用户初始化	持续时长	递增虚拟用户数	递增时长	递减虚拟用户数	递减时长
设定权限	50	加入前初始化	5 min	5	10 s	5	10 s
场景 4							
测试内容	虚拟用户数	用户初始化	持续时长	递增虚拟用户数	递增时长	递减虚拟用户数	递减时长
考勤管理	50	加入前初始化	5 min	5	10 s	5	10 s

续表

场景 5							
测试内容	虚拟用户数	用户初始化	持续时长	递增虚拟用户数	递增时长	递减虚拟用户数	递减时长
申请提交审批	50	加入前初始化	5 min	5	10 s	5	10 s
场景 6							
测试内容	虚拟用户数	用户初始化	持续时长	递增虚拟用户数	递增时长	递减虚拟用户数	递减时长
任务发布	50	加入前初始化	5 min	5	10 s	5	10 s
场景 7							
测试内容	虚拟用户数	用户初始化	持续时长	递增虚拟用户数	递增时长	递减虚拟用户数	递减时长
文件上传	50	加入前初始化	5 min	5	10 s	5	10 s
场景 8							
测试内容	虚拟用户数	用户初始化	持续时长	递增虚拟用户数	递增时长	递减虚拟用户数	递减时长
通讯方式添加	50	加入前初始化	5 min	5	10 s	5	10 s
场景 9							
测试内容	虚拟用户数	用户初始化	持续时长	递增虚拟用户数	递增时长	递减虚拟用户数	递减时长
退出	50	加入前初始化	5 min	5	10 s	5	10 s

6. 测试整体进度安排

测试阶段	时间安排	参与人员	测试工作内容安排	产出
需求分析	2 day	CS001	理解需求书内容,并确定测试需求及初步计划	初步测试方案
测试方案	3 day	CS001	测试功能分析,编写测试方案	测试方案
测试用例	5 day	CS001 CS002 CS003	编写测试用例。 CS001 负责登录、系统管理、用户管理、角色列表、考勤管理 5 个模块; CS002 负责流程管理、公告管理、邮件管理、任务管理、日程管理 5 个模块; CS003 负责工作计划、文件管理、笔记管理、通讯录 4 个模块	测试用例
白盒测试	3 day	CS001	代码走查	Bug 缺陷

续表

测试阶段	时间安排	参与人员	测试工作内容安排	产出
第一遍全面测试	5 day	CS001 CS002 CS003	执行测试用例,提交 Bug,编写 Bug 缺陷报告。CS001 负责登录、系统管理、用户管理、角色列表、考勤管理,共 5 个模块；CS002 负责流程管理、公告管理、邮件管理、任务管理、日程管理 5 个模块；CS003 负责工作计划、文件管理、笔记管理、通讯录 4 个模块	Bug 缺陷
性能测试	3 day		执行性能测试、录制脚本、设置场景、编写性能测试报告	性能测试报告
交叉自由测试	5 day	CS001 CS002 CS003	随机交叉自由测试,提交 Bug,补充修改 Bug 缺陷报告。CS001 负责登录、系统管理、用户管理、角色列表、考勤管理 5 个模块；CS002 负责流程管理、公告管理、邮件管理、任务管理、日程管理 5 个模块；CS003 负责工作计划、文件管理、笔记管理、通讯录 4 个模块	Bug 缺陷报告
测试总结	1 day	CS001 CS002 CS003	测试结果数据汇总,编写测试总结报告。CS001 和 CS002 负责测试用例和 Bug 缺陷报告汇总工作,CS003 负责编写测试总结报告,提交文件和截图,整理现场	测试总结报告；Bug 提交信息截图；文档提交信息截图

7. 相关风险

在本次测试工作中,对于存在的风险,需要提前分析并制定措施。

7.1　需求风险

由于对软件需求理解不准确和对业务流程理解有误差,可能导致测试范围存在误差,遗漏部分需求或者执行了错误的测试方式。为此,我们将在需求分析阶段认真理解需求书内容,结合软件设计常规,确定测试需求。同时,对测试方案进行审核。

7.2　测试用例风险

在测试用例设计阶段,可能出现用例设计不完整,忽视了边界条件、异常处理、信息提示等情况,使用例没有完全覆盖需求。为此,我们加大交叉测试强度,最大限度地避免上述问题的发生。为应对测试用例没有得到全部执行或有些用例可能被遗漏的情况,执行过程中应加大测试用例执行覆盖率。

7.3　缺陷风险

我们将在测试过程中做好记录和截屏,并加大随机测试的力度。最大限度地避免某些缺陷偶发以及难以出现的 Bug 被遗漏。

7.4   代码质量风险

代码质量差、可读性差、重构性差、没做好注释等原因导致缺陷较多,修改难度增大;另外系统架构设计的不足,会导致扩展性不足、性能兼容差等问题。

7.5   测试环境风险

对于服务器宕机、网络故障等情况,可能导致的测试故障,我们将按照操作流程及时重启机器、恢复运行环境。3台客户机同时工作,会避免由于某台机器故障,影响测试进度。作为补救措施,在必要时将启用备用机。

7.6   沟通协调风险

确定一名负责人,组织管理整个测试过程,负责人员与角色之间应保持良好的沟通与协作,避免出现因为误解或沟通不畅而导致项目延期的情况发生。

7.7   人员风险

当由于人员缺岗或技术水平差不能保证测试质量,影响测试进度时,小组成员间应适当地调整工作任务,保证测试工作顺利进行。

7.8   时间风险

如果出现测试时间规划不合理、分工不合理的情况,测试小组应及时调整工作计划和任务分工。

7.9   其他风险

对于测试过程中突发的影响测试进程和测试质量的其他不确定风险,在工作过程中,由测试小组共同商讨解决。

附件三　OA 协同办公管理系统测试用例

OA 协同办公管理系统测试用例统计

系统	模块名称	用例个数（个）					
Web 端	登录	10					
	个人信息	5					
	部门管理	5					
	系统管理	13					
	人员管理	15					
Web 端（合计：个）		48					

OA 协同办公管理系统测试用例

测试用例编号	测试项目	测试标题	重要级别	预置条件	输入	执行步骤	预期输出
1. 登录（用例个数：10 个）							
YHDL-01	用户登录	正常进入登录页面	高	无	无	在浏览器地址栏输入网址，或点击超链接地址	进入登录页面
YHDL-02	用户登录	正常进入登录页面	高	登录页面正常加载	无	点击浏览器关闭按钮	退出登录页面
YHDL-03	用户登录	合法用户登录	高	登录页面正常加载，用户名、密码、验证码	①用户名：teacher123；②密码：teacher321；③验证码：与系统提示一致	输入以上数据，点击"登录"按钮	进入系统主页面

续表

测试用例编号	测试项目	测试标题	重要级别	预置条件	输入	执行步骤	预期输出
YHDL-04	用户登录	用户名为空,能否登录	高	登录页面正常加载,存在正确的任务 ID、用户名、密码、验证码	①用户名:;②密码:teacher321	输入以上数据,点击"登录"按钮	提示:请输入用户名
YHDL-05	用户登录	密码为空,能否登录	高	登录页面正常加载,存在正确的任务 ID、用户名、密码、验证码	①用户名:teacher123;②密码空;③验证码:与系统提示一致	输入以上数据,点击"登录"按钮	提示:请输入密码
YHDL-06	用户登录	验证码为空,能否登录	高	登录页面正常加载,存在正确的任务 ID、用户名、密码、验证码	①用户名:teacher123;②密码:teacher321;③验证码:空	输入以上数据,点击"登录"按钮	提示:请输入验证码
YHDL-07	用户登录	全为空检测	高	登录页面正常加载,存在正确的任务 ID、用户名、密码、验证码	无	输入以上数据,点击"登录"按钮	提示:请输入用户名
2. 个人信息(用例个数:5 个)							
YHDL-01	个人信息	检测点击导航栏个人信息按钮	高	超级管理员身份登录	无	点击个人信息按钮	个人信息页面正常加载
YHDL-02	个人信息	检测当前位置信息	中	超级管理员身份登录,页面正常加载	无	观察	当前位置信息正确
YHDL-03	个人信息	检测列表信息除手机外为只读状态	高	超级管理员身份登录,页面正常加载	无	观察	列表信息为只读状态

续表

测试用例编号	测试项目	测试标题	重要级别	预置条件	输入	执行步骤	预期输出
YHDL-04	个人信息	检测手机号初始值是否为空	高	超级管理员身份登录,页面正常加载	无	观察	手机号初始值为空
YHDL-05	个人信息	检测手机号以1开头10位数字保存	高	超级管理员身份登录,页面正常加载	手机号码:1345678920	输入以上信息点击"保存"按钮	提示:手机号码格式不正确
3. 部门管理(用例个数:13 个)							
YHDL-05	部门管理查看功能测试	导航栏"部门管理"功能检测	高	管理员身份登录系统	无	点击左侧导航栏"部门管理"按钮	进入部门管理页
YHDL-05	部门管理查看功能测试	当前位置功能检测	高	管理员身份登录系统,进入部门管理页	无	观察	当前位置:部门管理
YHDL-05	部门管理新增功能测试	新增按钮功能检测	高	管理员身份登录系统,进入部门管理页	无	点击"新增"按钮	进入部门管理新增浮层
YHDL-05	部门管理新增功能测试	取消按钮功能检测	高	管理员身份登录系统,进入部门管理页,进入新增浮层	无	点击"取消"按钮	退回部门管理页
YHDL-05	部门管理新增功能测试	×按钮功能检测	高	管理员身份登录系统,进入部门管理页,进入新增浮层	无	点击"×"按钮	退回部门管理页
4. 系统管理(用例个数:15 个)							

测试用例编号	测试项目	测试标题	重要级别	预置条件	输入	执行步骤	预期输出
XTGL-0	系统管理	增、删、改、查功能	高	页面正常加载且登录管理员账号	无	点击"修改按钮"	弹出修改页面
XTGL-0	系统管理	增、删、改、查功能	高	页面正常加载且未登录管理员账号	无	点击"修改按钮"	提示：权限不足
XTGL-0	系统管理	增、删、改、查功能	高	页面正常加载且登录管理员账号	无	点击"查看"按钮	弹出详细信息页面
XTGL-0	系统管理	增、删、改、查功能	高	页面正常加载且未登录管理员账号	无	点击"查看"按钮	弹出详细信息页面
XTGL-0	系统管理	增、删、改、查功能	高	页面正常加载且登录管理员账号	无	点击"删除"按钮	弹出再次确认窗口
XTGL-0	系统管理	增、删、改、查功能	高	页面正常加载且登录管理员账号，弹出再次确认窗口	无	点击"确认"按钮	选中模块被删除
XTGL-0	系统管理	增、删、改、查功能	高	页面正常加载且登录管理员账号，弹出再次确认窗口	无	点击"取消"按钮	再次确认窗口关闭
XTGL-0	系统管理	增、删、改、查功能	高	页面正常加载且未登录管理员账号	无	点击"删除"按钮	提示：权限不足

测试用例编号	测试项目	测试标题	重要级别	预置条件	输入	执行步骤	预期输出
XTGL-0	系统管理	增、删、改、查功能	高	页面正常加载且登录管理员账号	无	点击"新增"按钮	跳转到新增模块页面
XTGL-0	系统管理	增、删、改、查功能	高	页面正常加载且登录管理员账号,转到新增模块页面	无	点击"保存"按钮	提示:模块名称不能为空
XTGL-0	系统管理	增、删、改、查功能	高	页面正常加载且登录管理员账号,转到新增模块页面,填写模块名称	无	点击"保存"按钮	提示:类型不能为空
XTGL-0	系统管理	增、删、改、查功能	高	页面正常加载且登录管理员账号,转到新增模块页面,填写模块名称,填写类型	无	点击"保存"按钮	提示:排序值不能为空
XTGL-0	系统管理	增、删、改、查功能	高	页面正常加载且登录管理员账号,转到新增模块页面,填写模块名称、类型、排序值	无	点击"保存"按钮	回到上一级页面并保存新建的模块
5. 人员管理(用例个数:5 个)							
YHZC-01	用户管理	用户名填写	高	注册页面正常加载	无	点击保存	提示:用户名不能为空

测试用例编号	测试项目	测试标题	重要级别	预置条件	输入	执行步骤	预期输出
YHZC-02	用户管理	用户名填写	高	注册页面正常加载	输入 2 个字符，其他不输入	点击"保存"按钮	提示：用户名长度不少于 3 个字符
YHZC-03	用户管理	用户名填写	高	注册页面正常加载	输入 3 个字符，其他不输入	点击"保存"按钮	提示：邮箱地址不能为空
YHZC-04	用户管理	用户名填写	高	注册页面正常加载	输入 4 个字符，其他不输入	点击"保存"按钮	提示：邮箱地址不能为空
YHZC-05	用户管理	邮箱填写	高	用户名输入 4 个字符	邮箱输入既不是 x@x.com 格式也不是 x@x.cn 格式	点击"保存"按钮	提示：邮箱格式不正确
YHZC-06	用户管理	邮箱填写	高	用户名输入 4 个字符	邮箱输入 x@x.com 格式	点击"保存"按钮	提示：密码不能为空
YHZC-07	用户管理	邮箱填写	高	用户名输入 4 个字符	邮箱输入 x@x.cn 格式	点击"保存"按钮	提示：密码不能为空
YHZC-08	用户管理	银行账号填写	高	用户名输入 4 个字符，邮箱输入无误	空	点击"保存"按钮	提示：银行账号不能为空
YHZC-09	用户管理	银行账号填写	高	用户名输入 4 个字符，邮箱输入无误	不符合规则的 16 位数字	点击"保存"按钮	提示：银行账号格式错误
YHZC-10	用户管理	银行账号填写	高	用户名输入 4 个字符，邮箱输入无误	不符合规则的 19 位数字	点击"保存"按钮	提示：银行账号格式错误
YHZC-11	用户管理	银行账号填写	高	用户名输入 4 个字符，邮箱输入无误	符合规则的 16 位数字	点击"保存"按钮	提示：身份证号不能为空

测试用例编号	测试项目	测试标题	重要级别	预置条件	输入	执行步骤	预期输出
YHZC-12	用户管理	银行账号填写	高	用户名输入 4 个字符,邮箱输入无误	符合规则的 19 位数字	点击"保存"按钮	提示:身份证号不能为空
YHZC-13	用户管理	身份证号填写	高	用户名输入 4 个字符,邮箱输入无误,银行账号输入无误	空	点击"保存"按钮	提示:身份证号不能为空
YHZC-14	用户管理	身份证号填写	高	用户名输入 4 个字符,邮箱输入无误,银行账号输入无误	输入不符合规范的身份证号	点击"保存"按钮	提示:身份证号格式错误
YHZC-15	用户管理	身份证号填写	高	用户名输入 4 个字符,邮箱输入无误,银行账号输入无误	输入符合规范的身份证号	点击"保存"按钮	跳转到用户管理页面,显示刚刚添加的用户

附件四　　OA 协同办公管理系统性能

测试报告

文档编号：	V1.0	文档名称：	OA 协同办公管理系统性能测试报告
编写：		审核：	
批准：		批准日期：	

性能测试项目组修改历史

版本	日期	修改说明	修改人
V1.0	2021-01-10	初稿	

目　录

1. 概述

1.1 项目背景

本项目的目标是建立符合一般企业实际管理需求的 OA 协同办公管理系统,包括系统管理、用户管理、角色列表、考勤管理、公告管理、邮件管理、任务管理、日程管理、工作计划等模块,也提供了各种格式的文件下载通道,对企业的办公信息进行精确的审批和有效的服务,从而减轻资产管理部门从事低层次信息处理和分析工作的人员的负担,解放管理员的"双手大脑",提高工作质量和效率。该系统具有以下特点。

①稳定性要求高,面向外网用户,努力做到 7*24 小时不停机。

②使用频繁,访问量大。

③系统压力大。

此次对 OA 协同办公管理系统进行压力测试的主要目标就是验证应用服务器最大处理能力,评估系统能达到的性能指标,确保系统可以高效稳定地运行。

1.2 项目目标

本次性能测试主要模拟内外网用户对 OA 协同办公管理系统产生的压力。本次测试的主要目的如下。

①获取服务器的最大承载能力,如最大用户数。

②获取系统的处理能力,如系统每秒处理的事务数量和系统响应时间等。

③获取系统的处理事务有效性,如在大压力下事务的成功率。

④获取在一定压力下的资源占用情况,如 CPU、I/O、内存、网络等。

⑤验证系统的稳定性,如系统长时间运行下系统资源等是否有异常情况。

⑥发现性能瓶颈,为后期性能调优提供参考依据。

1.3 项目范围

内外网用户通过访问页面带来的压力,以及给应用服务器及中间件带来压力(本次测试数据库服务器不在监测范围内)。

2. 测试环境

2.1 测试环境架构

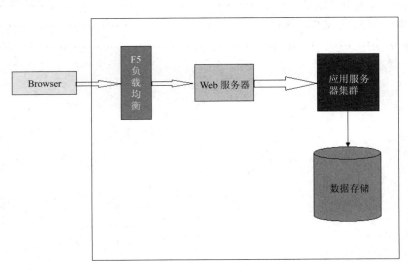

2.2　环境配置
2.2.1　环境硬件配置

系统名称	主　机	数量	型号	资源（单台）	操作系统
OA 协同办公管理系统		1		CPU：2 C 内存：8 G	Win 10

2.2.2　环境软件配置

系统名称	操作系统	数据库	中间件	应用数量
OA 协同办公管理系统	Win 10	Oracle	Load Runner	1

3. 测试指标

大类	指标项	指标量值	备注
系统响应时间	最高响应时间	/	
最大并发用户数	最大并发用户数	/	
成功率	成功率	/	
基础数据量	基础数据量	/	
CPU%	最大 CPU 资源利用率	<85%	
Memory	内存使用率	<85%	

4. 测试模型
4.1　业务模型
4.1.1　混合场景业务模型

系统	序号	业务名称	总比例	业务比例	生产高峰 TPS
OA 协同办公管理系统	01	系统管理流程： 控制面板→系统管理→类型管理→新增→系统管理信息→保存	100	30%	8310719600
	01	打卡上班流程： 控制面板→点击打卡上班→弹出网址对话框→确定		70%	131154324

4.2　测试场景设置
4.2.1　混合交易负载测试

场景1:	OA 协同办公管理系统混合负载测试
场景描述： ① 30 个用户循环执行测试用例脚本（阶段性增加并发用户） ② 5 s 增加 5 个用户	
测试用例： 系统管理流程（30%）	
运行模式： 运行 3 min	
退出模式： 运行完成立马退出	

4.2.2　混合交易负载并发测试

场景2:	OA 协同办公管理系统混合负载并发测试
场景描述： ① 100 个用户同时运行执行测试用例脚本（并发用户）； ②测试系统的并发量	
测试用例： 打卡上班流程（70%）	
运行模式： 运行 3 min	
退出模式： 运行完成立马退出	

5. 测试过程
5.1.1　混合交易负载测试

第一步：打开 Virtual User Generator 软件，选择"File"下面的联级菜单中的"New Script and Solution"，进行脚本创建，如图 4-1 所示。

图 4-1　新建脚本

在弹出的脚本创建窗口中选择"Web（HTTP\HTML）"协议，如图 4-2 所示。

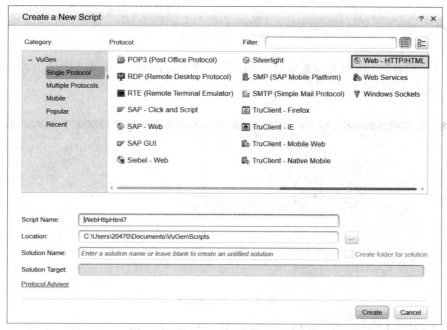

图 4-2　设置协议

第二步：录制操作。点击菜单栏中的红色按钮，弹出如图 4-3 所示的对话框，在"Application"中填入 IE 浏览器在文件夹中的位置，在"URL address"中填入需要被测程序的网址，点击"Start Recording"按钮开始录制。

图 4-3　开始录制

第三步：脚本运行，脚本录制完成之后，进行脚本回放，点击图 4-4 中的方框中的按钮，脚本则会自行进行回放。

图 4-4　录制的脚本

第四步：创建脚本场景。对脚本进行场景设置，选择菜单栏中的"Tools"的联级菜单下的"Create Controller Scenario"进行设置，图 4-5 所示。

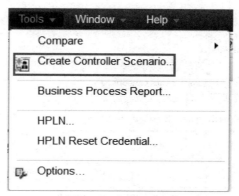

图 4-5　创建 Controller

　　在弹出的如图 4-6 所示的对话框中进行设置。选择"Manual Scenario"单选框进行手动设置场景，并创建 30 个虚拟用户，点击"OK"按钮，Controller 控制器软件会被自动打开。

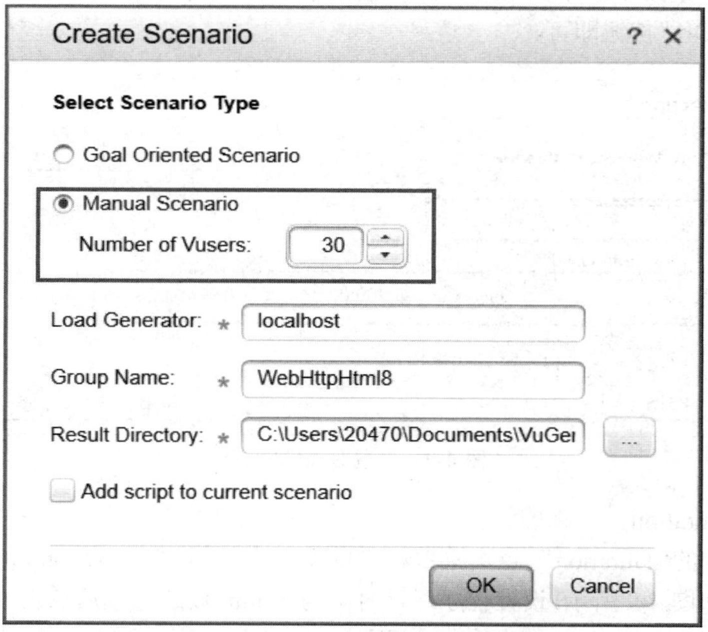

图 4-6　创建 Controller 并选择最大用户数

　　第五步：设置脚本场景参数。设置脚本运行时的参数，可以逐时地去添加用户或者停止用户，这样能有效地模拟用户访问情况。这一步骤分为 4 个小步骤进行设置。

　　（1）设置用户初始化方式

　　打开 Controller 控制器后，找到"Scenario Schedual"场景计划进行虚拟用户的初始化，选中第一行的"Action"，点击菜单栏中的第二个按钮"Edit Action"弹出"用户初始化方式"的对话框，如图 4-7 所示，选择第三个按钮，逐个初始化的方式。

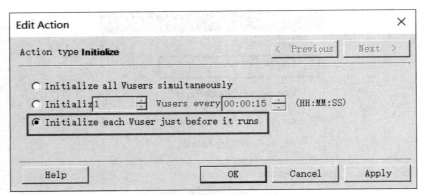

图 4-7　选择初始化方式

（2）设置 Start Vusers

选中第二行的"Start Vusers"，点击菜单栏中的第二个按钮"Edit Action"弹出"启动虚拟用户"的对话框，如图 4-8 所示，设置 30 个虚拟用户，方式为每隔 5 s 启动 5 个用户工作，设置完成后点击"OK"按钮即可。

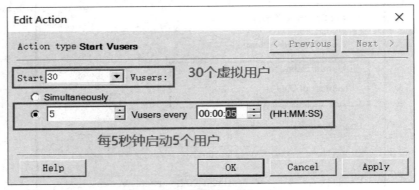

图 4-8　设置 Start Vusers

（3）设置 Duration

选中第三行的"Duration"，点击菜单栏中的第二个按钮"Edit Action"弹出"运行时间设置"的对话框，如图 4-9 所示，设置程序运行时间为 5 min，设置完成后点击"OK"按钮即可。

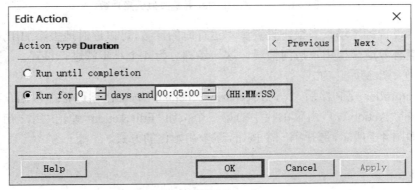

图 4-9　设置 Duration

（4）设置 Stop Vusers

选中第三行的"Stop Vusers"，点击菜单栏中的第二个按钮"Edit Action"弹出"停止虚拟用户的方式"的对话框，如图 4-10 所示，选择"Simultaneously"单选框，即立即停止的方式。

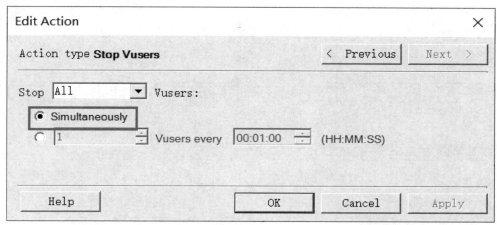

图 4-10　设置停止方式

第六步：启动测试。点击方框中的按钮，进行场景执行即可，如图 4-11 所示。

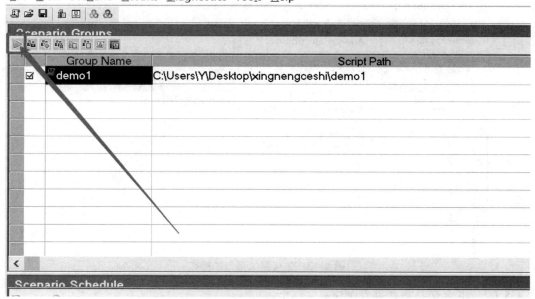

图 4-11　启动测试

场景运行成功的效果，如图 4-12 所示。

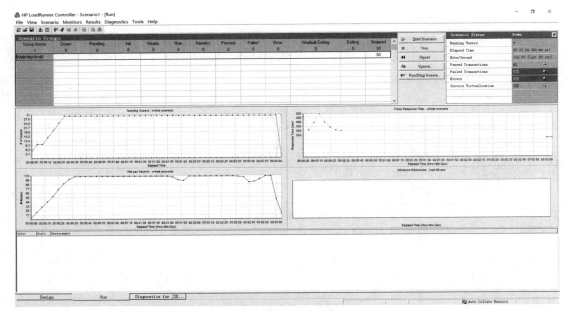

图 4-12　启动成功

第七步：生成测试报告。场景执行完成以后，选择菜单栏中的"Result"中的"Analyze Results"，生成 Analysis 测试报告，Analysis 结果分析器软件会被自动打开，如图 4-13 所示。

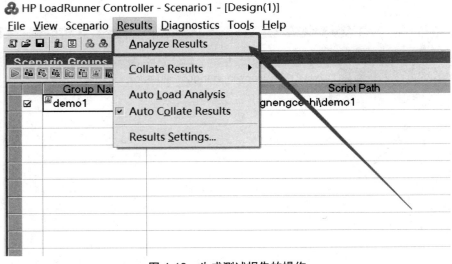

图 4-13　生成测试报告的操作

5.1.2　混合交易负载并发测试

第一步：新建脚本，并进行录制步骤。使用账号密码登录系统，进入系统以后进行打卡签到，点击如图 4-14 所示方框中标注的时间进行打卡签到。进行连续两次的上班打卡和下班打卡，完成之后结束录制。

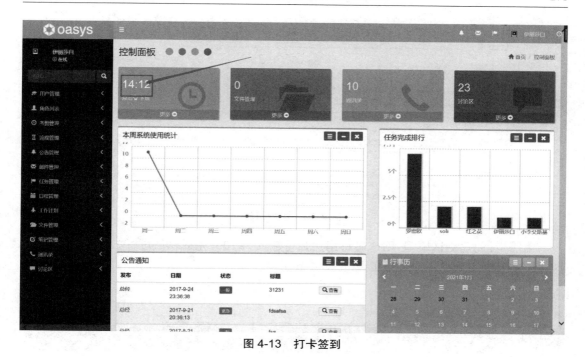

图 4-13　打卡签到

第二步：录制完成以后创建脚本，脚本界面如图 4-14 所示。

```
demo2 : Replay Summary     demo2 : Action.c ✕

16          "Snapshot:t3.inf",
17          ITEMDATA,
18          "Name=userName", "Value=18683688154", ENDITEM,
19          "Name=password", "Value=123456", ENDITEM,
20          "Name=code", "Value=9MWL", ENDITEM,
21          EXTRARES,
22          "Url=/bootstrap/fonts/glyphicons-halflings-regular.eot?", "Referer=http://192.168.10.127:8088/index", ENDITEM,
23          "Url=/littlecalendar", "Referer=http://192.168.10.127:8088/test2", ENDITEM,
24          "Url=/countweeklogin", "Referer=http://192.168.10.127:8088/test2", ENDITEM,
25          "Url=/counttasknum", "Referer=http://192.168.10.127:8088/test2", ENDITEM,
26          LAST);
27
28      lr_think_time(55);
29
30      web_url("singin",
31          "URL=http://192.168.10.127:8088/singin",
32          "Resource=0",
33          "RecContentType=text/html",
34          "Referer=http://192.168.10.127:8088/test2",
35          "Snapshot=t4.inf",
36          "Mode=HTML",
37          LAST);
38
39      lr_think_time(5);
40
41      web_url("singin_2",
42          "URL=http://192.168.10.127:8088/singin",
```

图 4-14　录制生成脚本

第三步：运行回放，点击"Replay"按钮，出现如图 4-15 所示的结果即为成功。

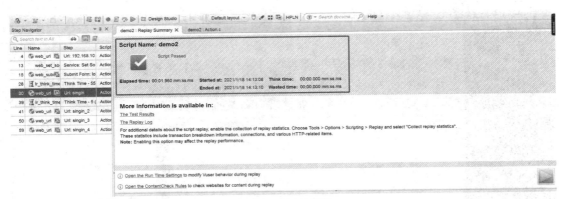

图 4-15　运行回放

第四步：创建测试模型，创建时将用户数量输入为 100，完成以后进行"Action"的配置，这里还是分为 4 个小步骤进行实现，如图 4-16 所示。

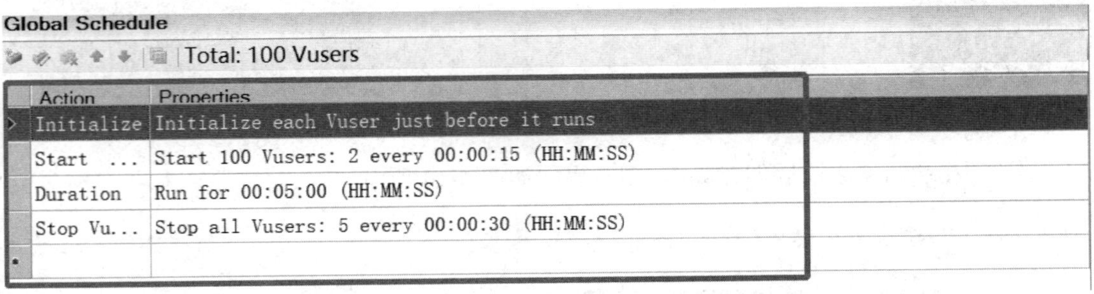

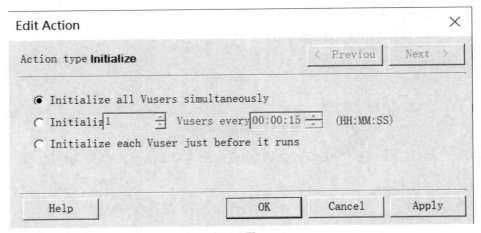

图 4-16　设置 Action

（1）设置 Initialize

在这里选择"Initialize all Vusers simultaneously"单选框，初始化时直接启动所有的用户，如图 4-17 所示。

图 4-17　设置 Initialize

（2）设置 Start Vusers

在这里选择"Simultaneously"，单选框启动所有的用户，如图 4-18 所示。

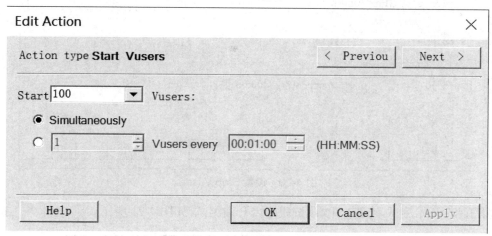

图 4-18　设置 Start Vusers

（3）设置 Duration

在这里选择访问时长为 3 min，如图 4-19 所示。

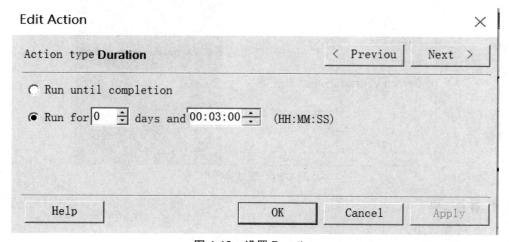

图 4-19　设置 Duration

（4）设置 Stop Vusers

在这里选择每 5 s 停止 5 个用户，如图 4-20 所示。

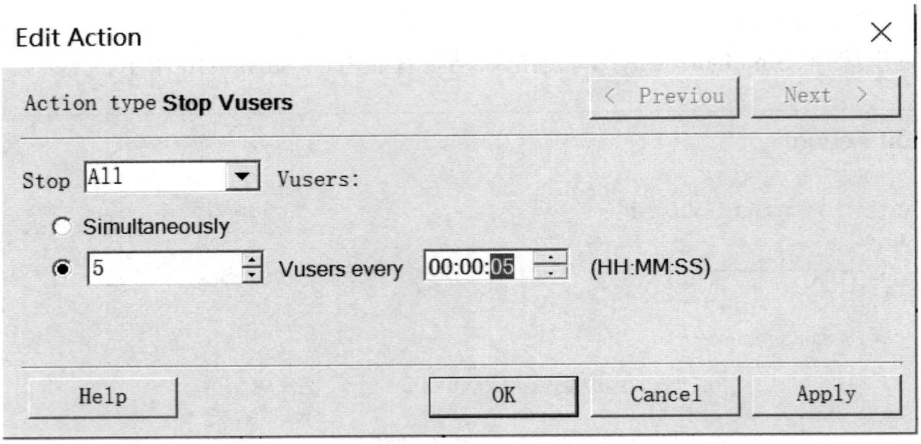

图 4-20　设置 Stop Vusers

第五步：开始测试，点击"开始"按钮即可开始测试，如图 4-21 所示。

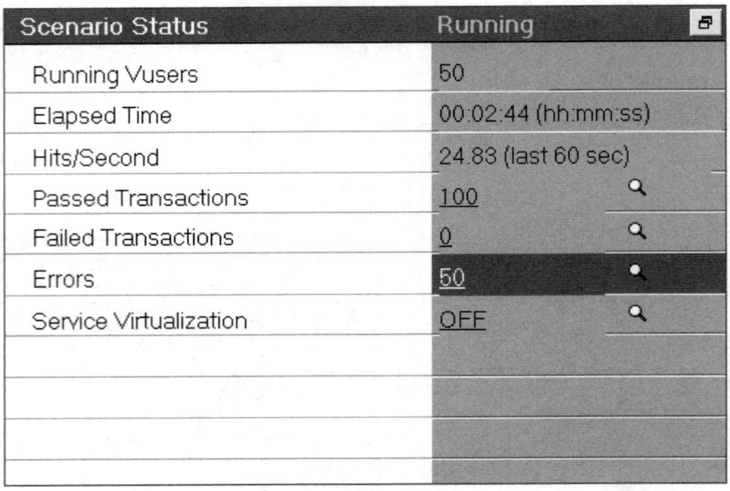

图 4-21　测试运行中

6. 测试结果

6.1　结果分析

6.1.1　混合交易负载测试

图 4-22 是 30 个用户负载测试的总结报告，下面对此报告进行详细的介绍。

① Running Vusers（并发用户数）的图表分析。

由图 4-23 可知，Running Vusers 纵坐标为用户数，横坐标为时间，可以看到大约每 5 s 启动 5 个用户，启动到 30 个用户之后，这 30 个用户进行并发操作，3 min 后同时结束并发操作，基本上与最初的场景预设一致。若当此场景与最初预设场景不一致，可能是负载机连接不正确，会使最后的结果报告产生误差。

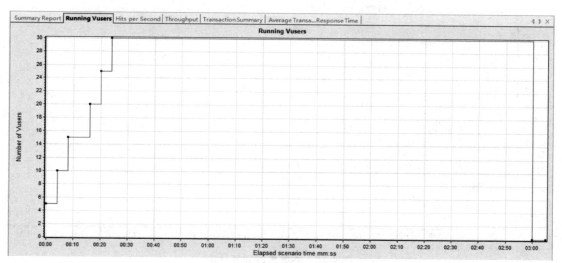

Summary Report | Running Vusers | Hits per Second | Throughput | Transaction Summary | Average

Analysis Summary

Period: 2021,

Scenario Name:　Scenario1
Results in Session: C:\Users\20470\Documents\VuGen\Scripts\WebHttpHtml9\res\res.lrr
Duration:　　　3 minutes and 4 seconds.

Statistics Summary

Maximum Running Vusers:		30	
Total Throughput (bytes):	⊘	1,018,220,994	
Average Throughput (bytes/second):	⊘	5,503,897	
Total Hits:	⊘	17,670	
Average Hits per Second:	⊘	95.514	View HTTP Responses Summary
Total Errors:	⊘	975	

You can define SLA data using the SLA configuration wizard

You can analyze transaction behavior using the Analyze Transaction mechanism

图 4-22　混合交易负载测试总结报告

Summary Report | **Running Vusers** | Hits per Second | Throughput | Transaction Summary | Average Transa...Response Time

Running Vusers

图 4-23　用户数量

② Hits per Second（每秒点击次数）的图表分析，如图 4-24 所示。

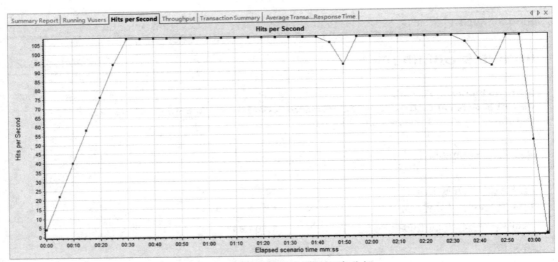

图 4-24　每秒点击次数的图表分析

由上图可知，Hits per Second 纵坐标表示服务器上的点击次数，横坐标是自场景开始运行以来所经历的时间，图中显示在 30 s 的时候用户向 Web 服务器发出的 HTTP 的请求次数为最高，随后保持平稳，在 1′50″和 2′44″的时候，请求次数降低，在 2~4 s 内回升到请求次数最高的位置，证明此系统在用户为 30 的时候向 Web 服务器发出的 HTTP 的请求良好。

③ Throughput（吞吐量）的图表分析，如图 4-25 所示。

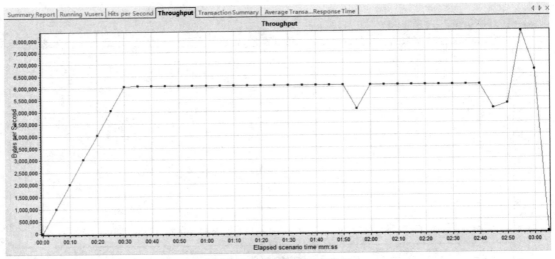

图 4-25　吞吐量的图表分析

由上图可知，Throughput 纵坐标表示服务器的吞吐量（字节），横坐标表示自场景开始运行以来经过的时间。在此发现，此图与 Hits per Second（每秒点击次数）的图表大致是一样的，但是吞吐量的数据滞后于每秒点击次数的数据，这是因为服务器先进行请求再进行响应，而吞吐量则是服务器进行的响应，所以会有数据滞后的情况。

在 2′55″时，吞吐量最大为 8 310 719 600 字节，但是在第 55″的时候点击次数没有上升到最大,说明此系统响应时间过长,需要进行修复。

6.1.2　混合交易负载并发测试

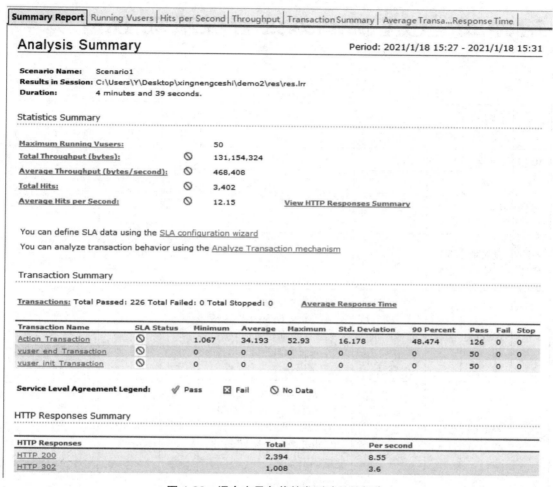

图 4-26　混合交易负载并发测试总结报告

从图 4-26 测试报告中可以看出:

最多同时运行的用户是 50 个;

最大吞吐量是 131 154 324 字节;

平均吞吐量是 468 408 字节;

总点击量是 3 402 次;

平均点击量是 12.15 次。

由此可得出该办公系统最多可以 50 个用户同时签到,超过 50 个人可能会出现卡顿或者签到不成功的情况。

6.2　结论

从结果分析可知,当前应用服务器的性能能够承受混合交易负载场景的 50 并发用户的压力,并且负载能力还有可提升空间。

附件五　OA 协同办公管理系统 Bug 清单

系统	模块名称	按 Bug 严重程度（单位:个）					总计（单位:个）
		严重	很高	高	中	低	
Web 端	登录						
	...						
Web 端:合计（个）							

缺陷编号	被测系统	模块名称	摘要	描述	缺陷严重程度	提交人（工位号）	附件说明
1	Web 端	登录	登录页面"登陆"按钮的"陆"字错误，应为"登录"	浏览器：chrome 浏览器版本：56.0.2924.87 ①登录页面正常加载； ②页面"登陆"按钮上的"陆"字错误	低	01_01	
2	Web 端	登录	点击"换一张?"按钮，验证码不改变	浏览器：chrome 浏览器版本：56.0.2924.87 ①登录页面正常加载； ②点击"换一张?"按钮，验证码不改变	高	01_01	
3	Web 端	登录	用户名前加空格，能登录成功	浏览器：chrome 浏览器版本：56.0.2924.87 ①登录页面正常加载； ②输入正确的任务 ID、用户名（前加空格）、密码、验证码,点击"登录"按钮； ③进入系统主页面	高	01_01	
4	Web 端	登录	密码为明文显示	浏览器：chrome 浏览器版本：56.0.2924.87 ①登录页面正常加载； ②输入密码,观察到密码明文显示	很高	01_01	